航空发动机基础与教学丛书

涡轮叶片表面微颗粒沉积研究

刘振刚　张　斐　朱鹏飞　刘振侠　李　维　著

科学出版社

北　京

内 容 简 介

涡轮叶片表面微颗粒沉积会降低涡轮叶片的气动和冷却性能。本书在总结前人研究成果的基础上,结合作者多年的研究成果,详细介绍涡轮叶片表面微颗粒沉积的物理过程及其危害,以及目前获得的主要机理和规律,并介绍了相关的多相流动理论和沉积模型、数值计算方法、实验方法和技术。本书还针对涡轮叶片表面微颗粒沉积防护技术进行了探索和讨论。

本书主要面向从事航空涡轮叶片传热和冷却研究、设计的科研工作者,也可以作为高等院校相关专业高年级本科生和研究生的教材。

图书在版编目(CIP)数据

涡轮叶片表面微颗粒沉积研究 / 刘振刚等著. —北京:科学出版社,2024.4
 (航空发动机基础与教学丛书)
 ISBN 978-7-03-077956-4

Ⅰ.①涡… Ⅱ.①刘… Ⅲ.①航空发动机—透平—叶片—颗粒物质—研究 Ⅳ.①V232.4

中国国家版本馆 CIP 数据核字(2024)第 031625 号

责任编辑:胡文治 孙 月 / 责任校对:谭宏宇
责任印制:黄晓鸣 / 封面设计:殷 靓

科学出版社 出版
北京东黄城根北街 16 号
邮政编码:100717
http://www.sciencep.com

南京展望文化发展有限公司排版
上海锦佳印刷有限公司印刷
科学出版社发行 各地新华书店经销

*

2024 年 4 月第 一 版 开本:B5(720×1000)
2024 年 4 月第一次印刷 印张:13
字数:257 000

定价:110.00 元
(如有印装质量问题,我社负责调换)

航空发动机基础与教学丛书
编写委员会

丛书序

航空发动机是"飞机的心脏",被誉为现代工业"皇冠上的明珠"。航空发动机技术涉及现代科技和工程的许多专业领域,集流体力学、固体力学、热力学、燃烧学、材料学、控制理论、电子技术、计算机技术等学科最新成果的应用为一体,对促进一国装备制造业发展和提升综合国力起着引领作用。

喷气式航空发动机诞生以来的 80 多年时间里,航空发动机技术经历了多次更新换代,航空发动机的技术指标实现了很大幅度的提高。随着航空发动机各种参数趋于当前所掌握技术的能力极限,为满足推力或功率更大、体积更小、质量更轻、寿命更长、排放更低、经济性更好等诸多严酷的要求,对现代航空发动机发展所需的基础理论及新兴技术又提出了更高的要求。

目前,航空发动机技术正在从传统的依赖经验较多、试后修改较多、学科分离较明显向仿真试验互补、多学科综合优化、智能化引领"三化融合"的方向转变,我们应当敢于面对由此带来的挑战,充分利用这一创新超越的机遇。航空发动机领域的学生、工程师及研究人员都必须具备更坚实的理论基础,并将其与航空发动机的工程实践紧密结合。

西北工业大学动力与能源学院设有"航空宇航科学与技术"(一级学科)和"航空宇航推进理论与工程"(二级学科)国家级重点学科,长期致力于我国航空发动机专业人才培养工作,以及航空发动机基础理论和工程技术的研究工作。这些年来,通过国家自然科学基金重点项目、国家重大研究计划项目和国家航空发动机领域重大专项等相关基础研究计划支持,并与国内外研究机构开展深入广泛合作研究,在航空发动机的基础理论和工程技术等方面取得了一系列重要研究成果。

正是在这种背景下,学院整合师资力量、凝练航空发动机教学经验和科学研究成果,组织编写了这套"航空发动机基础与教学丛书"。丛书的组织和撰写是一项具有挑战性的系统工程,需要创新和传承的辩证统一,研究与教学的有机结合,发展趋势同科研进展的协调论述。按此原则,该丛书围绕现代高性能航空发动机所涉及的空气动力学、固体力学、热力学、传热学、燃烧学、控制理论等诸多学科,系统介绍航空发动机基础理论、专业知识和前沿技术,以期更好地服务于航空发动机领域的关键技术攻关和创新超越。

丛书包括专著和教材两部分,前者主要面向航空发动机领域的科技工作者,后者则面向研究生和本科生,将两者结合在一个系列中,既是对航空发动机科研成果的及时总结,也是面向新工科建设的迫切需要。

丛书主事者嘱我作序,西北工业大学是我的母校,敢不从命。希望这套丛书的出版,能为推动我国航空发动机基础研究提供助力,为实现我国航空发动机领域的创新超越贡献力量。

2020 年 7 月

前　言

　　航空发动机是一种高度复杂和精密的热力机械,作为飞机的"心脏",其可靠性和寿命对于整个飞机的安全稳定飞行具有重要意义。随着民用航空的飞速发展,人们在总结以往航空事故经验的基础上,对民用飞机的安全性和经济性要求也越来越高,要求航空发动机能够在更为复杂的环境中正常运行。随着现代战争更加"立体化"和"信息化",军用飞机对于战争的取胜所起的作用越来越明显,为了保证军用飞机高效可靠的作战性能,其发动机必须能够具备适应多变复杂的战场环境能力。无论是民用还是军用航空发动机,都可能会在一个灰尘、砂尘等浓度较高的空气环境中运行,例如前者可能面临雾霾天、火山喷发导致火山灰浓度较高的空气环境,后者可能经常会在沙漠、海滩等环境中运行,在这种情况下,航空发动机会从外界吸入大量的灰尘、砂尘等微颗粒,给航空发动机的可靠性和寿命造成严重的负面影响。

　　进入航空发动机的微颗粒对其造成的负面影响是多方面的,主要包括:① 微颗粒对压气机叶片的冲蚀造成叶片涂层剥落及叶片材料的缺失;② 微颗粒经过燃烧室加热后,一部分会撞击到涡轮叶片,经过较为复杂的物理和化学过程,并最终沉积在涡轮叶片表面,长时间的沉积会对涡轮叶片气动和换热特性造成负面影响,甚至堵塞气膜孔,短时间引起叶片烧蚀,有些特殊微颗粒还会腐蚀叶片;③ 进入空气系统的微颗粒可能会堵塞篦齿、孔等小尺寸通道,使得二次流引气流量下降,影响部件的冷却及封严。其中,微颗粒沉积问题是本书讨论的主题。

　　涡轮叶片表面微颗粒沉积的研究起始于20世纪40~60年代地面燃气轮机的微颗粒侵蚀问题,后来出现了多次因涡轮叶片微颗粒沉积导致的航空发动机事故,使得人们越来越关注这一问题。国外对该问题已经开展了较长时间的研究,近些年来,由于行业发展需求,国内对此问题也越来越关注,作者对该问题也进行相关研究。为了给国内行业相关研究人员提供一本较为系统介绍涡轮叶片表面微颗粒沉积的参考书,同时,也是作者对自己研究进行阶段性的总结,故而撰写本书。

　　本书着重针对涡轮叶片表面微颗粒沉积问题,详细介绍其物理过程以及目前获得主要机理和规律,并介绍该问题的相关理论和模型,以及数值计算过程;本书还介绍目前针对微颗粒沉积问题的主要实验方法和技术,如实验台系统的设计以及主要测量方法;最后,本书针对涡轮叶片表面微颗粒沉积防护技术进行讨论,可以为航空发动机涡轮设计提供参考。

本书分为5章,第1章由刘振侠撰写;第2章由刘振刚撰写;第3章由张斐撰写;第4章由刘振刚、朱鹏飞撰写;第5章由李维撰写;全书由刘振刚统稿整理。在本书撰写的过程中,得到了吴丁毅、吕亚国、胡剑平、张丽芬、高文君等老师的建议,作者在此向他们表示感谢,并向对本书撰写提供过其他帮助的领导和人士一并致以衷心的感谢。

由于微颗粒沉积现象的复杂性,涉及的学科较多,目前的相关理论还不完善,加上作者水平有限,书中难免有不妥、不足之处,恳请读者批评指正。

作者

2023 年 9 月

目 录

第3章　微颗粒沉积数值模拟

第4章　微颗粒沉积实验技术

第 5 章　涡轮叶片表面微颗粒沉积防护技术

附录 A　不确定度计算方法

第 1 章
涡轮叶片表面微颗粒沉积及其影响

1.1 航空发动机的工作环境

航空发动机主要分为活塞式发动机和燃气涡轮发动机,其中燃气涡轮发动机是现代航空飞行器常用的发动机。常用的航空燃气涡轮发动机类型有涡轮喷气发动机、涡轮风扇发动机、涡轮螺旋桨发动机以及涡轮轴发动机等。航空燃气涡轮发动机主要工作原理是:空气不断被吸入压气机,并被压气机压缩增压后进入燃烧室;在燃烧室,通过喷油燃烧,空气变为高温高压燃气,随后,其进入涡轮膨胀做功。膨胀功分为两部分,一部分用于驱动压气机压缩空气,另一部分为飞行器提供动力。可以看出,涡轮是在高温高压的环境中工作的。如果外界环境的微尘颗粒浓度较大,被吸入发动机内部的微尘颗粒将会冲蚀压气机叶片以及涡轮叶片,经过燃烧室加热后的微尘颗粒还有可能固化沉积在涡轮叶片上,对涡轮叶片的性能造成负面影响,影响发动机的可靠性和寿命。

涡轮风扇发动机(简称涡扇发动机)和涡轮轴发动机(简称涡轴发动机)是现代飞机常用的动力装置,前者主要用于各种固定翼飞机,后者主要用于直升机,飞机的工作环境和任务需求决定了发动机的工作环境,在有些情况下,飞机需要在微尘颗粒浓度较高的恶劣环境中运行。本节仅介绍涡轴发动机和涡扇发动机的工作环境,在2.1节将详细介绍微颗粒在涡轮叶片表面沉积的形成过程。为了方便,在以后的章节中,微尘颗粒简称为微颗粒。

1.1.1 涡轴发动机的工作环境

涡轴发动机是一种将热能转化为轴功的航空发动机,一般用于直升机。直升机是军民两用飞行器,广泛应用于运输、救护、巡逻和旅游等。武装直升机还可以直接用于作战。直升机对机场的要求较低,能够在复杂的环境中执行任务。例如直升机常常需要在沙漠、海滩等环境中进行起飞、降落或低空执行任务。在这种情况下,旋翼带动的气流会将粒径约为 1 mm 的地面砂尘或其他微尘颗粒(以下合称为微颗粒)吹起并悬浮于空气中,形成高浓度的砂尘环境(图 1 - 1);虽然可以在涡轴发动机进气口安装粒子分离器将大部分大粒径的微颗粒排出发动机,但是粒子分离器对于小粒径微颗粒的分离效率较低,因此仍然有少部分大粒径和大量小粒径微颗粒进入发动机内部。大粒径微颗粒会与压气机叶片发生碰撞,致使压气机叶片受到冲蚀,同时,大粒径微颗粒由于碰撞会破碎形成若干小粒径微颗粒。小粒径微颗粒虽然对压气机叶片冲蚀不严重,但是由于其具有较好的随流性,它们会随着主流进入燃烧室,并最终到达涡轮导叶和动叶,从而发生沉积现象。

图 1 - 1　地面砂尘被直升机旋翼吹起形成局部砂尘环境

　　无论是压气机冲蚀还是涡轮叶片沉积现象,都对涡轴发动机的性能有负面影响。军用直升机常常会在沙漠或海滩执行任务,其涡轴发动机受到微颗粒冲蚀或沉积的影响是非常严重的。在海湾战争中,CH47、CH53 和山猫等直升机上由于未安装粒子分离器,其涡轴发动机翻修寿命从 2 000 h 降到 30~50 h;近半数山猫直升机平均无故障时间仅有 27 h,严重影响美军战斗力。装有粒子分离器的黑鹰直升机,由于每天要在沙漠或有大量砂尘的地面起落 10~12 次,加之近地悬停多,所以其平均故障间隔时间也缩短到 100~125 h,仅约为设计寿命的 2%[1]。

　　为了保证直升机对于砂尘环境的适应性,各国制定了相关标准[2]。例如在我国军用标准 GJB 242A - 2018《航空涡轮螺桨和涡轮轴发动机通用规范》[3]中,把发动机吞砂试验规定为发动机设计定型的关键试验项目之一;军用标准 GJB 1171 - 91《军用直升机防砂尘要求》[4]将直升机所处砂尘环境分为五个级别(表 1 - 1),要求军用直升机能在规定级别的砂尘环境中进行工作,并对发动机吞砂试验的环境

表 1 - 1　砂尘环境级别(GJB 1171 - 91)[4]

砂尘环境级别	1	2	3	4	5
砂尘环境浓度/(mg/m³)	0~53	54~530	531~2 000	2 001~4 000	4 000~10 000
起降场近似地貌	水泥跑道或水泥起降块	较坚实的砂土地	松软的砂土地	沙滩或沙丘	沙漠

以及相关标准进行了规定。

1.1.2 涡扇发动机的工作环境

涡扇发动机一般用于固定翼飞机,其起降以及飞行环境一般来说较好,但是在有些情况下,涡扇发动机也需要在微颗粒浓度较高的环境中运行。近年来由于环境破坏或空气污染致使大气污染微颗粒分布较为广泛,例如,根据世界气象组织发布的 2017 全球大气颗粒污染物分布公报显示,除了极地以及部分海洋区域外,全球大部分地区上空均有不同程度的颗粒污染物聚集,在北半球热带、亚热带沙漠地区和中亚等中纬度沙漠地区尤为严重[5]。近年来,雾霾或沙尘暴天气频繁出现(图 1 - 2),使得飞机在起飞和降落时能见度降低,可能导致航班延迟;同时,发动机也会吸入大量微颗粒,这些微颗粒可能会沉积在涡轮叶片上,会使得发动机患上"慢性病"。火山灰被称为是全球航空业的"大杀手"之一,据统计,自 1973 年以来,有超过 100 起由火山灰导致的航空发动机故障,其中 9 起是发动机熄火的严重事故[5],表 1 - 2 是文献[5]总结的几起由火山灰导致的航空故障,其中 2010 年冰岛的埃亚菲亚德拉火山喷发的火山灰令整个欧洲空域禁飞 2 周,造成巨大的经济损失。中国周边东南亚地区、日本和堪察加半岛火山众多,随着中国航空业的不断发展,火山灰云对航空威胁日益显著[6]。

图 1 - 2 呼和浩特白塔国际机场(2021 年 3 月 15 日)

表 1 - 2 近年来火山灰导致的航空发动机故障及描述[5]

序号	年份	火山名及国家	描　述
1	1982	加隆贡火山(印度尼西亚)	发动机涡轮中沉积了大量火山灰导致发动机失速
2	1991	皮纳图博火山(菲律宾)	波音 747 - 200 飞机发动机的涡轮叶片气膜孔堵塞,热障涂层因高温烧蚀失效

续　表

序号	年份	火山名及国家	描　　述
3	2000	赫克拉火山(冰岛)	NASA DC-8-72试验飞机的发动机涡轮中堆积大量火山灰,叶片气膜孔被堵塞,热障涂层失效,叶片发生磨损
4	2010	埃亚菲亚德拉火山(冰岛)	虽然没有发生安全事故,但整个欧洲空域禁飞2周,造成巨大的经济损失
5	2017	阿贡火山(印度尼西亚)	机场关闭,所有航班取消,数万名旅客滞留机场

　　军用运输机由于军事任务的需要,可能需要在地面环境较差的机场中起飞或降落,地面微颗粒(如尘土、砂尘等)悬浮于空气中,导致发动机吸入大量微颗粒。对于需要长期在海上执行任务的飞机,虽然微颗粒含量较低,但是海面上微颗粒中盐碱成分含量较高[7],这些微颗粒被吸入发动机内部会对涡轮叶片造成热腐蚀损伤[8,9]。对于长期在沙漠环境中执行任务的飞机,如果当地的砂尘含有较高的硫化物,则涡轮叶片也容易发生热腐蚀损伤。

　　最后,需要指出的是,与外部微颗粒类似,发动机内部的磨削物(如压气机被冲蚀后产生的涂层微颗粒)也会到达涡轮叶片,从而也可能沉积在涡轮叶片表面。对于地面燃气轮机涡轮,其燃料中包含的杂质也会在涡轮叶片表面产生沉积[10,11]。

1.2　微颗粒在涡轮叶片表面沉积及其危害

　　在1.1节中可以看出,无论是军用飞机还是民用飞机,其发动机均可能在高浓度微颗粒的空气环境中运行。本节将对微颗粒在涡轮叶片表面沉积过程及其危害进行简要描述。

　　图1-3是微颗粒进入涡轮发动机后的运动过程,需要注意的是,涡轴发动机进口前面可能安装有粒子分离器,可以将大粒径微颗粒分离并排出发动机。被吸入发动机内的微颗粒首先会与压气机叶片进行碰撞,并可能对压气机叶片造成冲蚀损伤[12],随后,部分微颗粒随着主流进入燃烧室,经过燃烧室加热后,会到达涡轮叶片(导叶和动叶)。微颗粒在与涡轮叶片发生碰撞后,部分会附着在涡轮叶片表面上,在高温高压的环境下,发生复杂的物理或化学变化,并最终固化沉积在涡轮叶片上(图1-4)。随着时间的累积,在涡轮叶片表面的微颗粒沉积会不断增加。由于涡轮一级导叶处于所有叶片的上游,且一级导叶附近处的燃气温度高于下游叶片,因此其表面微颗粒沉积一般是最严重的(图1-4)。类似地,航空发动机内部一些磨削物也会经历同样的物理或化学过程,从而会沉积在涡轮叶片表面上。对于地面燃气轮机,由于其使用的燃料中包含有杂质(例如在煤炭气化中会包含一些煤粉),这些杂质也会经历上述类似的过程,从而可能沉积在涡轮叶片表面(图1-5)。

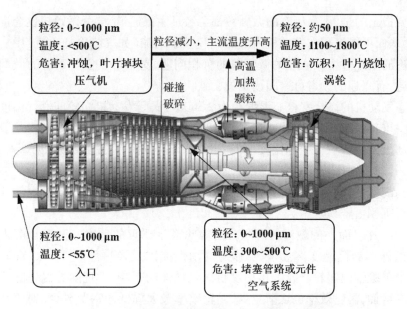

粒径：0~1000 μm
温度：<500℃
危害：冲蚀，叶片掉块
　　　压气机

粒径减小，主流温度升高

粒径：约50 μm
温度：1100~1800℃
危害：沉积，叶片烧蚀
　　　涡轮

碰撞
破碎

高温
加热
颗粒

粒径：0~1000 μm
温度：<55℃
　　　入口

粒径：0~1000 μm
温度：300~500℃
危害：堵塞管路或元件
　　　空气系统

图 1-3　微颗粒在涡轮发动机内部的运动过程

图 1-4　微颗粒在 YF101 发动机涡轮叶片表面上的
沉积：导叶前缘及压力面上的沉积[13]

图 1-5　微颗粒在地面燃气轮机涡轮导叶的沉积[14]

　　需要指出的是,不是所有的微颗粒都会经过主流通道,部分微颗粒也会进入空气系统,从而可能沉积在发动机内部的一些微小间隙(如气膜冷却通道)中。本书主要讨论的是经过主流通道的微颗粒的沉积问题,对于进入空气系统的微颗粒的沉积问题,有兴趣的读者可以阅读相关文献。

　　航空发动机的燃烧室核心温度约为 2 300 K,涡扇发动机涡轮前燃气温度可达 2 000 K 左右,涡轴发动机涡轮前燃气温度一般也会达到 1 600 K 左右。一般吸入航空发动机的微颗粒粒径都比较小(约 50 μm),一方面,斯托克斯数(见 2.1.1 节)比较小,其随流性比较好。另一方面,粒径较小,微颗粒容易在燃烧室中被加热到一个较高的温度,甚至被烧融,这会加剧微颗粒沉积,因此航空发动机内部的高温环境使得沉积更容易发生。

　　涡轮叶片表面上的微颗粒沉积会对涡轮产生严重的危害。微颗粒沉积改变了叶片的外形和粗糙度,会影响叶片的气动性能以及换热性能[15,16]。Yun 等[17]针对一个单级轴向涡轮研究了粗糙度对涡轮性能的影响,发现随着涡轮叶片表面粗糙度的增加,涡轮效率也逐渐减少,涡轮效率最大降低 8%;另外,相对于动叶粗糙度,导叶粗糙度引起的涡轮效率下降程度更大。文献[18]对提高气膜冷却效率的方法进行了较为详细的讨论,从这些方法的控制原理可以看出,仅仅较小地改变气膜冷孔附近的几何结构就可以改变气膜冷却的效率,例如气膜孔出口形状对其周围的流动结构有着重要影响[19],可以通过改变气膜孔出口形状提高气膜冷却效率。因此可以推断微颗粒沉积对气膜冷却效率影响较大,这种影响可能是负面的[20,21],但在某些情况下,气膜孔的部分堵塞也有可能提高冷却效率[22-24]。Goldstein 等[25]发现在中等大小的吹风比的情况下,涡轮叶片表面的粗糙度使得气膜冷却效率降低。Barlow 和 Kim[26]也发现在他们的吹风比范围内,存在相同的结论,这是因为表面粗糙度的增加使得湍流度增加,促进了涡轮表面主流与二次流(气膜冷气流)的混合,从而降低了气膜冷却的效率。需要指出的是,气膜冷却效率的降低可能会加速微颗粒的沉积,进而形成“微颗粒沉积→叶片表面粗糙度增加/气膜孔出口形状改变→气膜冷却效率下降→微颗粒沉积加速”的恶性循环。

　　长时间的微颗粒沉积会严重减少涡轮通道有效面积(如图 1 - 4 和图 1 - 5 所示),改变燃气流量,影响发动机的性能[10,27,28]。对于气膜冷却涡轮叶片,微颗粒沉积还可能会堵塞气膜冷却孔[29-31],从而在短时间内使得叶片的散热特性急剧下降,造成叶片烧蚀。某些地区的微颗粒含有腐蚀性化学成分(例如海面上盐碱微颗粒),当这些微颗粒沉积在涡轮叶片表面时,在高温高压的环境中,会对涡轮叶片或其热障涂层产生热腐蚀损伤,而且随着微颗粒沉积速率的增加,热腐蚀率也增加[32]。可见,涡轮叶片表面上的微颗粒沉积会对发动机的寿命和可靠性产生严重危害。当然,可以通过对发动机叶片表面进行清理,减少其负面影响,但是,这势必要增加发动机的修理或维护频率及成本,对于军用飞机来说,这是极其不利的,严重影响飞机的战斗力。

通过上面的描述可以看出微颗粒沉积对涡轮叶片造成诸多负面影响,从而降低发动机的性能和寿命,无论是民用飞机还是军用飞机的发动机,由于环境以及任务需求,都无法避免微颗粒沉积的问题,因此,如何减少微颗粒沉积及其对涡轮叶片和发动机造成的负面影响是目前需要解决的问题,同时,也是未来发动机适应复杂环境设计需要考虑的重要技术问题。

1.3　涡轮叶片表面微颗粒沉积研究现状

对于涡轮叶片表面的微颗粒沉积现象及其危害的研究大约起始于 20 世纪 40~60 年代地面燃气轮机的微颗粒侵蚀问题[33],后来多次出现了因涡轮叶片微颗粒沉积导致的航空发动机事故,使得人们越来越关注这一问题。

煤粉燃气轮机能够节省用油量及用气量,可减少对石油和天然气的依赖性,其相关研究起始于第二次世界大战,但是由于微颗粒的沉积问题,该研究一度中断。20 世纪 70 年代由于油价的暴涨,研究者们开始研究水煤浆(coal-water)制备技术。20 世纪 80 年代末至 90 年代初,美国开始开发水煤浆燃气轮机技术[34],人们又开始关注叶片的磨损、腐蚀和微颗粒沉积问题。

Wenglarz 和 Fox[35] 在接近于真实燃气轮机的条件下,实验研究了三种不同水煤浆燃料(杂质含量不同)燃烧后在涡轮叶片形成的沉积,初步建立了燃气温度和表面温度对微颗粒沉积的影响规律,即燃气温度越高或者叶片表面温度越低,叶片表面的微颗粒沉积量越多。Crosby 等[36] 在涡轮加速沉积实验台(turbine accelerated deposition facility, TADF)上模拟了真实地面燃气轮机的主流环境,并针对不同粒径的粉尘,研究了燃气温度、结构表面对微颗粒沉积的影响,他们的结论与 Wenglarz 和 Fox 的结论一致。但 Cohn[10] 发现在特定燃气温度下,存在一个结构表面温度,在该温度下,微颗粒沉积量最大,这与 Crosby 等、Wenglarz 和 Fox 的结论不完全一致。Webb 等[14] 在真实燃气轮机燃气环境中研究不同种煤粉在结构表面的沉积,燃气温度对沉积的影响与前述结论一致,但对于不同煤粉,其沉积的燃气温度阈值是不一样的。此外,还有其他学者也研究了燃气温度或者结构表面温度对沉积的影响[37-46]。需要注意的是,Prenter 等[39] 和 Casaday 等[43] 采用温度分布不均匀的燃气研究微颗粒沉积,发现在温度高的区域微颗粒沉积一般较多。但是在低温条件下,随着主流温度的增加,微颗粒沉积总量先增加后减少[45,47],这与高温条件下的大部分实验结果略有差异。微颗粒在结构表面的反弹特性是影响其沉积的一个主要因素,这方面也有学者进行了研究[48-50]。需要指出的是,燃气温度或者结构表面温度直接影响微颗粒温度,因此影响了微颗粒的状态(固态或者熔融态)及其物理属性,从而间接地决定了微颗粒在结构表面的沉积特性。相对于燃气温度或结构表面温度,实验上较难测量在主流中运动的微颗粒的温度,因此,目前较少采用动态测量微颗粒温度方法来研究其沉积特性。

微颗粒粒径会影响其在主流中的运动轨迹及其与主流的换热特性,因此,微颗粒粒径是其沉积分布和总量的重要影响因素之一。在这方面,大量学者也做了相关研究[30,36,38,51-62]。Crosby 等[36]、Bonilla 等[53]、Ai 等[51,56]、杨晓军和祝佳雄[60]、Barker 等[61]以及 Pearson 和 Brooker[62]的结果表明随着微颗粒粒径的增大,其在结构表面的沉积量也增大。但是 Whitaker 等[38]通过实验发现并不是粒径越大,微颗粒沉积越严重,他们指出存在一个临界粒径,如果微颗粒粒径大于这个临界粒径,其沉积量较少,这一点与 Bojdo 和 Filippone[52]以及周君辉和张靖周[58,59]的分析一致,游学磊等[54]的部分结果也支持这一结论。曾飞和宋玉琴[57]采用数值方法研究了不同粒径的微颗粒在一级涡轮通道内的运动和温度变化,分析了粒径和离心力对微颗粒撞击导叶和动叶特性的影响。Liu 等[55]采用数值方法模拟了微颗粒在一级涡轮通道内的运动及其在导叶和动叶表面的沉积特性,分析了离心力和粒径对导叶和动叶表面沉积的影响机制。一方面,在不同粒径范围内,粒径对微颗粒沉积的影响是不一样的,这是造成上述研究结论不一致的原因;另一方面,采用数值方法开展研究的各个研究者所利用的沉积模型不一样,也是造成结论不一致的原因[54]。在导叶和旋转动叶同时存在的情况下,粒径对微颗粒沉积的影响会更复杂。

现代航空发动机涡轮前温度一般会超过涡叶片材料的工作温度,需要采取有效的冷却技术对涡轮叶片进行冷却,气膜冷却是一种常用的冷却技术[18]。气膜冷却的原理是利用从高温部件小孔或小缝出口喷出的冷却射流与主流进行相互作用,形成温度较低的冷气膜,对高温部件起到隔热或冷却的作用[63]。在气膜冷却孔附近,流动结构较为复杂,微颗粒在该区域的运动会受到影响[64],同时,气膜冷却孔附近温度梯度也较大,会对微颗粒的温度和状态产生影响。Sreedharan 等[65,66]采用数值方法研究了前缘气膜冷却对微颗粒沉积的影响,其结果表明,对于小粒径(5~7 μm)来说,吹风比越大,微颗粒沉积越多,但对于较大微颗粒来说,随着吹风比增大,沉积可能先降低再增多,但 Ai 等[67]的实验结果与该结论不一致,这可能是因为 Ai 等使用了较大粒径(约 16 μm)的微颗粒。Webb[30]以及 Bonilla 等[53]研究了气膜冷却对涡轮叶片沉积形成过程及分布的影响,其结果表明吹风比越大,叶片表面的沉积总量越小,但从沉积的形成过程看,气膜冷气与主流的干扰加速了气膜冷却附近的沉积,这与 Liu 等[45]在低温条件利用石蜡作为微颗粒的实验结果是一致的,却与 Lawson 等[68]的结果有些矛盾,这可能和主流与气膜冷气的相对角度有关系,根据 Bonilla 等[69]和 Tian 等[70]的结果,也可能与粒径有关。也有学者针对气膜冷却结构对微颗粒沉积的影响规律开展了相关研究,例如 Ai 等[71]研究了气膜孔距对微颗粒沉积的影响;Prenter 等[72]研究了缝槽气膜冷却对微颗粒沉积的影响;Wang 等[73]研究了不同扇形气膜孔对微颗粒沉积的影响;杨晓军等[74]研究了气膜孔径对微颗粒沉积分布的影响;Wang 等[75]研究了四种不同结构的气膜孔对微颗粒沉积的影响。此外,有学者研究了具有气膜冷却的涡轮叶片端壁上的微颗粒沉积及其对气膜冷却效率的影响[76-80]。气膜冷却对微颗粒沉积的影响较为复杂,不同的实验条件或者计算条件可能会得到不同的结果。

　　针对其他因素对微颗粒沉积的影响,也有不少学者开展了相关研究。Wang 等[81]、杨晓军等[74]以及高晓薇等[82]研究了表面粗糙度对微颗粒沉积的影响,一般来说,表面粗糙度越大,微颗粒沉积越严重,但对于不同区域,粗糙度的影响可能不一样,例如,高晓薇等指出在压力面,适当的表面粗糙度可能有利于减少微颗粒沉积。张斐等[47,83]在低温条件下实验研究了不同来流迎角、微颗粒流量、来流速度对平板表面微颗粒的影响,迎角和微颗粒增大均会使得压力面沉积增大,根据他们的实验结果,如果只保持微颗粒总量,而不对加速实验结果进行修正可能无法反映真实叶片表面的沉积情况。Whitaker 等[84]研究了不同来流湍流度条件下的涡轮叶片表面微颗粒沉积,湍流度增加使得微颗粒沉积总量以及厚度均有所增加。由于外部流动剪切作用,微颗粒沉积还伴随着剥离过程,杨晓军等[85]针对这一问题进行了数值和实验研究。

　　针对微颗粒沉积问题,研究者们开展了大量数值研究[22,55,58,60,70,75,80,82,85-94],相对于实验研究,数值研究能够提供较为详细的物理过程和信息,但是需要建立较为精确的数值模型。微颗粒在燃气中输运问题是一个多相流动问题,可以采用Euler-Lagrange 法或 Euler-Euler 法对该问题进行数值模拟[95]。在进行数值模拟时,湍流模型对沉积的数值结果有着重要影响[96]。同时,还需要一个沉积模型用来描述微颗粒与结构表面发生碰撞后,微颗粒如何在结构表面沉积。目前,常用的沉积模型有三种:① 临界速度(critical velocity)模型[97]、② 临界黏性(critical viscosity)模型[98]和③ 能量(energy-based)模型[99]。在临界速度模型,需要对比微颗粒撞击结构表面的法向速度和临界速度来判断微颗粒是否反弹或者沉积,其中临界速度是一个与微颗粒和结构的杨氏模量、泊松比以及微颗粒尺寸有关的重要参数,而杨氏模量又与温度有关。近年来,Bons 等[100]和 Yu 等[101]考虑了更多的因素完善了临界速度模型,如流动对微颗粒的剪切剥离作用、切向碰撞过程等。在临界黏性模型中,需要对比微颗粒黏性和临界黏性来计算微颗粒沉积的概率,需要注意的是,与临界速度模型不同,这是一个概率模型。微颗粒黏性是一个与微颗粒温度及其化学成分相关的参数,临界黏性由微颗粒的软化温度或熔点来确定[98,102,103]。Singh 和 Tafti[104]基于临界速度模型的基本思想,结合利用反弹系数来计算的沉积概率,完善了临界黏性模型。在沉积的能量模型中,需要计算微颗粒碰撞结构表面后的剩余能量,然后根据剩余能量判断微颗粒是否反弹或沉积。剩余能量是一个与微颗粒接触角(与温度相关)和尺寸相关的参数。最近,Suman

等[105]通过对比和总结前人的实验结果和沉积模型,认为参数 $K = E_{kin}/E_{surf}$(E_{kin} 和 E_{surf} 分别是微颗粒的动能和表面能)和 $\Theta = T_p/T_{soft}$(T_p 和 T_{soft} 分别是微颗粒的温度和软化温度)能够更好地用于预测微颗粒沉积。近年来,Liu 等[106]基于 Myers[107]的结冰模型,提出一种能够描述熔融态微颗粒在壁面流动的沉积模型。以上沉积模型都能在一定条件下解释实验现象,但它们适用范围是不一样的,例如,游学磊等[54]发现在小粒径范围内,临界速度和临界黏性模型的预测结果基本一致,但对于大粒径微颗粒,两者的预测结果有差别。近年来,光滑粒子流体动力学(smooth particle hydrodynamics, SPH)为研究微颗粒与壁面相互作用及沉积模型提供一条较好的途径[108]。此外,由于不同微颗粒化学成分不一样,如何根据化学成分确定与沉积相关的物性参数(如杨氏模量、黏性等)也是目前面临的一个重要问题。

如何减少微颗粒沉积及其负面影响是未来航空发动机涡轮叶片设计中需要考虑的重要问题之一,在这方面有学者开展了一些初步的研究工作。Ai 等[51]针对具有气膜冷却结构的圆形平板,在高温条件下,研究了横向槽对微颗粒沉积的影响,在他们的研究条件下,横向槽对微颗粒沉积量影响不大,但能够改变气膜冷却孔附近的微颗粒沉积分布以及降低表面温度(与 Albert 和 Bogard[109]在低温条件下的结果类似),这对于减少微颗粒造成的温升是有利的。Liu 等[110]在低温条件下对于不同深度和宽度的横向槽对具有气膜冷却结构平板表面微颗粒沉积进行了研究,发现槽深度越大或者槽宽度越小,越有利于减少微颗粒沉积量,并且能够改善微颗粒在气膜孔下游的分布从而减少沉积造成的温升或温度不均匀性,同时,他们在高温条件下对这一技术进行了实验验证[111]。Lawson 和 Thole[95]也发现横向槽可以改变具有端壁表面微颗粒沉积分布,以及减少沉积引起的换热效率下降值。关于减少沉积和相关危害的涡轮冷却技术和其他技术,目前还处于初步阶段。

此外,针对航空发动机内部冷却通道的微颗粒沉积问题,也有不少学者进行了研究。Walsh 等[112]、Wylie 等[113]实验研究了来自冷气通道的微颗粒在气膜冷却孔内沉积及其对流动堵塞和换热的影响,他们都发现存在一个临界壁面温度,当壁面温度高于这个临界值时,微颗粒沉积明显增加。内部冷却通道微颗粒沉积的数值研究可参阅赵宏杰等[114]和 Li 等[115]的论文,他们都采用了临界速度模型作为沉积模型。

目前,针对航空发动机涡轮叶片表面微颗粒沉积问题,学者们已经开展了大量的研究工作,并且针对特定的部件或者结构获得了一些重要规律,这些规律有效地支持了航空发动机涡轮叶片沉积防护工作,但是还有一些不足。主要体现在:① 针对动叶的研究,尤其是实验研究还比较少;② 高温(接近于航发主流温度)条件下,微颗粒与结构表面相互作用过程的研究还需要进一步开展,面向不同化学成分、不同种类的微颗粒的沉积模型需要进一步完善;③ 微颗粒沉积的流动和传热机理有待进一步研究;④ 气膜冷却(尤其是多排气膜冷却)结构以及冷气参数对于微颗粒沉积的影响研究还不够充分;⑤ 涡轮叶片表面微颗粒沉积防护机理以及相关的设计和技术还处于初步研究阶段。

1.4　涡轮叶片表面微颗粒沉积研究方法

针对微颗粒在涡轮叶片表面的沉积问题,主要有数值和实验两大类方法,其中实验方法又可分为低温沉积实验和高温沉积实验。数值方法的优点是能够获得较为详细的信息,例如流场结构、微颗粒运动轨迹及其撞击结构表面位置等,有利于从更深层次揭示微颗粒沉积的机理,但是由于微颗粒在涡轮表面的沉积过程是一个复杂的物理化学过程,涉及的动力学、热力学以及传热学等相关参数较多,数值方法包含的模型较多,而每个模型的建立都有一定的近似,因此,数值结果的可靠性需要得到实验的验证。

实验的优点是能够较为准确地模拟沉积物理过程,但是其能够获得的信息有限。低温沉积实验主要是在常温或高于常温不多的温度条件下开展实验研究,其技术手段简单,成本较低,能够获得的结果较为丰富,并且具有一定参考价值,但是,即使有相关相似参数匹配,也不可能做到完全与高温条件下微颗粒沉积过程相似,于是某些结果需要进一步通过高温沉积实验验证。高温沉积实验的条件几乎与涡轮叶片真实工况相同,例如燃气温度与真实条件接近,实验中的微颗粒的物性也与自然界的砂尘等接近,因此,高温沉积实验能够较为准确地模拟真实涡轮叶片表面微颗粒沉积,然而,高温沉积实验难度较大,尤其需要提供高温高压的燃气。实际中,一般是结合数值、低温沉积实验和高温沉积实验开展研究。

1.5　本 书 结 构

本书将在第 2 章详细介绍涡轮叶片表面微颗粒沉积的物理过程,在此基础上介绍微颗粒的受力模型、沉积模型等,随后介绍不同主要因素对微颗粒沉积的影响规律;在第 2 章介绍的理论基础上,第 3 章将介绍微颗粒沉积的数值模型和数值计算方法,并在本章介绍相关的数值计算结果;第 4 章将介绍微颗粒沉积的相似性分析方法、低温和高温微颗粒沉积实验技术,还将介绍部分实验结果;最后,第 5 章主要聚焦微颗粒沉积防护问题,介绍一种横向槽技术,并对沉积防护设计方法进行探索性讨论。

参考文献

[1]　文邦伟,胥泽奇.外军装备环境适应性典型案例[J].装备环境工程,2005,2(3):85 - 89.
[2]　曾林,程礼,李宁,等.航空发动机吞砂试验标准砂与典型沙粒形貌对比分析[J].航空发

动机,2019,45(1):97-102.

[3] 中国人民解放军陆航装备发展办公室,中国航发湖南动力机械研究所.GJB 242A-2018 航空涡轮螺桨和涡轮轴发动机通用规范[S].北京:中央军委装备发展部,2018.

[4] 总参谋部陆航局.GJB 1171-91 军用直升机防砂尘要求[S].北京:国防科学技术工业委员会,1991.

[5] 杨星,郝子晗,丰镇平.颗粒污染物在涡轮中的沉积效应[J].航空动力,2020(1):27-31.

[6] 赵谊,李永生,樊祺诚,等.火山灰云在航空安全领域研究进展[J].矿物岩石地球化学通报,2014,33:531-539.

[7] 刘秀娟.环境因素对航空装备失效的影响研究[J].工程与试验,2008(4):30-32.

[8] 马志宏,苏兴荣.砂尘环境对军用装备磨损和腐蚀的影响[J].兵工学报,2005,26(4):553-556.

[9] 张永刚,廖建樟.某型发动机燃气涡轮工作叶片热腐蚀问题分析[J].现代工业经济和信息化,2020(2):110-111.

[10] Cohn A. Effect of gas and metal temperatures on gas turbine deposition[C]. Denver: Joint Power Generation Conference, 1982.

[11] Diakunchak I S. Performance deterioration in industrial gas turbines [J]. Journal of Engineering for Gas Turbines and Power, 1992, 114: 161-168.

[12] Tabakoff W. Review—turbomachinery performance deterioration exposed to solid particulates environment[J]. Journal of Fluids Engineering, 1984, 106: 125-134.

[13] Dunn M G. Operation of gas turbine engines in an environment contaminated with volcanic ash [J]. Journal of Turbomachinery, 2012, 134: 051001.

[14] Webb J, Casaday B, Barker B, et al. Coal ash deposition on nozzle guide vanes—Part I: experimental characteristics of four coal ash types[J]. Journal of Turbomachinery, 2013, 135: 021033.

[15] Bons J P. A review of surface roughness effects in gas turbines[J]. Journal of Turbomachinery, 2010, 132: 021004.

[16] Abuaf N, Bunker R S, Lee C P. Effects of surface roughness on heat transfer and aerodynamic performance of turbine airfoils[J]. Journal of Turbomachinery, 1998, 120: 522-529.

[17] Yun Y I, Park I Y, Song S J. Performance degradation due to blade surface roughness in a single-stage axial turbine[J]. Journal of Turbomachinery, 2005, 127: 137-143.

[18] Zhang J Z, Zhang S C, Wang C H, et al. Recent advances in film cooling enhancement: A review[J]. Chinese Journal of Aeronautics, 2020, 33: 1119-1136.

[19] Haven B A, Kurosaka M. Kidney and anti-kidney vortices in crossflow jets[J]. Journal of Fluid Mechanics, 1997, 352: 27-64.

[20] 杨晓军,崔莫含,刘智刚.气膜冷却平板表面颗粒物沉积的实验研究[J].推进技术,2018, 39: 1323-1330.

[21] Lawson S A, Thole K A. Effects of simulated particle deposition on film cooling[J]. Journal of Turbomachinery, 2011, 133: 021009.

[22] 黄珂楠,张靖周,郭文.气膜孔内局部堵塞对气膜冷却特性的影响[J].航空动力学报, 2014,29: 1330-1338.

［23］ 周君辉,张靖周.气膜孔局部堵塞对叶片压力面冲击-扰流柱-气膜结构综合冷却效率的影响［J］.航空学报,2016,37: 2729 – 2738.

［24］ Sundaram N, Thole K A. Effects of surface deposition, hole blockage, and thermal barrier coating spallation on vane endwall film cooling［J］. Journal of Turbomachinery, 2007, 129: 600 – 607.

［25］ Goldstein R J, Eckert E R G, Chiang H D, et al. Effect of surface roughness on film cooling performance［J］. Journal of Engineering for Gas Turbines and Power, 1985, 107: 111 – 116.

［26］ Barlow D N, Kim Y W. Effect of surface roughness on local heat transfer and film cooling effectiveness［C］. Houston: ASME 1995 International Gas Turbine and Aeroengine Congress and Exposition,1995.

［27］ Wenglarz R A. An approach for evaluation of gas turbine deposition［J］. Journal of Engineering for Gas Turbines and Power, 1992, 114: 230 – 234.

［28］ Bons J P, Crosby J, Wammack J E, et al. High-pressure turbine deposition in land-based gas turbines from various synfuels［J］. Journal of Engineering for Gas Turbines and Power, 2007, 129: 135 – 143.

［29］ Kim J,Dunn M G, Baran A J, et al. Deposition of volcanic materials in the hot sections of two gas turbine engines［J］. Journal of Engineering for Gas Turbines and Power, 1993, 115: 641 – 651.

［30］ Webb J J. The effect of particle size and film cooling on nozzle guide vane deposition［D］. Columbus: The Ohio State University, 2011.

［31］ 肖俊峰,蔡柳溪,高松,等. 燃气透平叶片表面颗粒沉积特性试验研究进展［J］. 工程热物理学报, 2019, 40: 1566 – 1576.

［32］ Krishnan V, Kapat J S, Sohn Y H, et al. Effect of film cooling on low temperature hot corrosion in a coal fired gas turbine［C］. Atlanta: ASME Turbo Expo: Power for Land, Sea, and Air, 2003.

［33］ Hamed A, Tabakoff W. Erosion and deposition in turbomachinery［J］. Journal of Propulsion and Power, 2006, 22: 350 – 360.

［34］ 康达,苗立杰.燃煤轮机联合循环技术国内外发展现状与趋势［J］.电站系统工程,2005, 21: 31 – 32.

［35］ Wenglarz R A, Jr Fox R G. Physical aspects of deposition from coal-water fuels under gas turbine conditions［J］. Journal of Engineering for Gas Turbines and Power, 1990, 112: 9 – 14.

［36］ Crosby J M, Lewis S, Bons J P, et al. Effects of temperature and particle size on deposition in land based turbines［J］. Journal of Engineering for Gas Turbines and Power, 2008, 130: 051503.

［37］ Lundgreen R, Sacco C, Prenter R, et al. Temperature effects on nozzle guide vane deposition in a new turbine cascade rig［C］. Seoul: ASME Turbo Expo: Turbomachinery Technical, 2016.

［38］ Whitaker S M, Peterson B, Miller A F, et al. The effect of particle loading, size, and temperature on deposition in a vane leading edge impingement cooling geometry［C］. Seoul: ASME Turbo Expo: Turbomachinery Technical, 2016.

[39] Prenter R, Ameri A, Bons J P. Deposition on a cooled nozzle guide vane with nonuniform inlet temperatures[J]. Journal of Turbomachinery, 2016, 138: 101005.

[40] Robert G L, Thomas H F. Formation of deposits from heavy fuel oil ash in an accelerated deposition facility at temperatures up to 1 219℃[J]. Fuel Processing Technology, 2018, 175: 35 - 43.

[41] Laycock R, Fletcher T H. Independent effects of surface and gas temperature on coal fly ash deposition in gas turbines at temperatures up to 1 400℃[J]. Journal of Engineering for Gas Turbines and Power, 2016, 138: 021402.

[42] Richards G A, Logan R G, Meyer C T, et al. Ash deposition at coal-fired gas turbine conditions: Surface and combustion temperature effects[J]. Journal of Engineering for Gas Turbines and Power, 1992, 114: 132 - 138.

[43] Casaday B, Prenter R, Bonilla C, et al. Deposition with hot streaks in an uncooled turbine vane passage[J]. Journal of Turbomachinery, 2014, 136: 041017.

[44] Zhang F, Liu Z, Liu Z, et al. Experimental study of sand particle deposition on a film-cooled turbine blade at different gas temperatures and angles of attack[J]. Energies, 2020, 13: 811.

[45] Liu Z G, Liu Z X, Zhang F, et al. An experimental study on the effects of a film cooling configuration and mainstream temperature on depositing[J]. Journal of Thermal Science, 2019, 28: 360 - 369.

[46] Jensen J W, Squire S W, Bons J P, et al. Simulated land-based turbine deposits generated in an accelerated deposition facility[J]. Journal of Turbomachinery, 2005, 127: 462 - 470.

[47] Zhang F, Liu Z, Liu Z, et al. Experimental study of particle deposition on surface at different mainstream velocity and temperature[J]. Energies, 2019, 12: 747.

[48] Delimont J M, Murdock M K, Ng W F, et al. Effect of temperature on microparticle rebound characteristics at constant impact velocity—Part I [J]. Journal of Engineering for Gas Turbines and Power, 2015, 137: 112603.

[49] Delimont J M, Murdock M K, Ng W F, et al. Effect of temperature on microparticle rebound characteristics at constant impact velocity—Part II [J]. Journal of Engineering for Gas Turbines and Power, 2015, 137: 112604.

[50] Reagle C J, Delimont J M, Ng W F, et al. Study of microparticle rebound characteristics under high temperature conditions[J]. Journal of Engineering for Gas Turbines and Power, 2014, 136: 011501.

[51] Ai W, Laycock R G, Rappleye D S, et al. Effect of particle size and trench configuration on deposition from fine coal flyash near film cooling holes[J]. Energy & Fuels, 2011, 25: 1066 - 1076.

[52] Bojdo N, Filippone A. A simple model to assess the role of dust composition and size on deposition in rotorcraft engines[J]. Aerospace, 2019, 6: 44.

[53] Bonilla C, Webb J, Clum C, et al. The effect of particle size and film cooling on nozzle guide vane deposition[J]. Journal of Engineering for Gas Turbines and Power, 2012, 134: 101901.

[54] 游学磊,姜玉廷,岳国强,等. 舰船燃气轮机高压涡轮颗粒沉积特性研究[J]. 推进技术, 2020, 41: 2490 - 2498.

[55] Liu Z G, Diao W, Liu Z, et al. A numerical study of the effect of particle size on particle

deposition on turbine vanes and blades[J]. Advances in Mechanical Engineering, 2021, 13: 1 - 12.

[56] Ai W, Fletcher T H. Computational analysis of conjugate heat transfer and particulate deposition on a high pressure turbine vane [J]. Journal of Turbomachinery, 2012, 134: 041020.

[57] 曾飞,宋玉琴.不同粒径颗粒在涡轮流道内沿程温度及其与叶片的撞击特性研究[J].推进技术,2020,41: 1797 - 1806.

[58] 周君辉,张靖周.涡轮叶栅内粒子沉积特性的数值研究[J].航空学报,2013,34: 2492 - 2499.

[59] 周君辉,张靖周.气膜孔附近粒子沉积特性的数值研究[J].航空动力学报,2014,29: 2166 - 2173.

[60] 杨晓军,祝佳雄.涡轮叶栅通道内颗粒物沉积过程的数值模拟[J].航空学报,2017,38: 31 - 42.

[61] Barker B, Casaday B, Shankara P, et al. Coal ash deposition on nozzle guide vanes—Part II: computational modeling[J]. Journal of Turbomachinery, 2013, 135: 011015.

[62] Pearson D, Brooker R. The accumulation of molten volcanic ash in jet engines: Simulating the role of magma composition, ash particle size and thermal barrier coatings[J]. Journal of Volcanology and Geothermal Research, 2020, 389: 106707.

[63] 戴萍,林枫.燃气轮机叶片气膜冷却研究进展[J].热能动力工程,2009,24: 1 - 6.

[64] Albert J E, Bogard D G. Experimental simulation of contaminant deposition on a film cooled turbine airfoil leading edge[J]. Journal of Turbomachinery, 2012, 134: 051041.

[65] Sreedharan S S, Tafti D K. Effect of blowing ratio on syngas flyash particle deposition on a three-row leading edge film cooling geometry using large eddy simulations[C]. Orlando: ASME Turbo Expo: Power for Land, Sea, and Air, 2009.

[66] Sreedharan S S, Tafti D K. Effect of blowing ratio on early stage deposition of syngas ash on a film-cooled vane leading edge using large eddy simulations[J]. Journal of Turbomachinery, 2013, 135: 061005.

[67] Ai W, Murray N, Fletcher T H, et al. Deposition near film cooling holes on a high pressure turbine vane[J]. Journal of Turbomachinery, 2012, 134: 041013.

[68] Lawson S A, Thole K A, Okita Y, et al. Simulations of multiphase particle deposition on a showerhead with staggered film-cooling holes[J]. Journal of Turbomachinery, 2012, 134: 051041.

[69] Bonilla C, Clum C, Lawrence M, et al. The effect of film cooling on nozzle guide vane deposition[C]. Texas: ASME Turbo Expo: Turbine Technical Conference & Exposition, 2013.

[70] Tian K, Tang Z, Wang J, et al. Numerical investigations of film cooling and particle impact on the blade leading edge[J]. Energies, 2021, 14: 1102.

[71] Ai W, Murray N, Fletcher T H, et al. Effect of hole spacing on deposition of fine coal flyash near film cooling holes[J]. Journal of Turbomachinery, 2012, 134: 041021.

[72] Prenter R, Whitaker S M, Ameri A, et al. The effects of slot film cooling on deposition on a nozzle guide vane[C]. Düsseldorf: Proceedings of the ASME Turbo Expo: Turbine Technical

Conference & Exposition, 2014.

[73] Wang C H, Zhang J Z, Zhou J H. Investigation of particle deposition characteristics in vicinity of laidback fan-shaped film cooling holes[J]. Flow, Turbulence and Combustion, 2016, 97: 591 – 607.

[74] 杨晓军,于天浩,崔莫含,等.沉积环境下气膜冷却效率的实验[J].北京航空航天大学学报,2019, 45: 1681 – 1690.

[75] Wang J, Zhao Z, Tian L, et al. Effects of hole configuration on film cooling effectiveness and particle deposition on curved surfaces in gas turbines[J]. Applied Thermal Engineering, 2021, 190: 116861.

[76] 常建忠,俞茂铮,沈祖达.二次流对燃气轮机叶栅端壁上固体颗粒沉积影响的实验研究[J].热力发电,1998: 31 – 33.

[77] Mensch A, Thole K. Simulations of multiphase particle deposition on a gas turbine endwall with impingement and film cooling[J]. Journal of Turbomachinery, 2015, 137: 111002.

[78] Lawson S A, Thole K A. Simulations of multiphase particle deposition on endwall film-cooling [J]. Journal of Turbomachinery, 2012, 134: 011003.

[79] Lawson S A, Lynch S P, Thole K A. Simulations of multiphase particle deposition on a nonaxisymmetric contoured endwall with film-cooling[J]. Journal of Turbomachinery, 2013, 135: 031032.

[80] Casaday B P, Ameri A A, Bons J P. Numerical investigation of ash deposition on nozzle guide vane endwalls[J]. Journal of Engineering for Gas Turbines and Power, 2013, 135: 032001.

[81] Wang J J, Lin Y J, Xu W W, et al. Effects of blade roughness on particle deposition in flue gas turbines[J]. Powder Technology, 2019, 353: 426 – 432.

[82] 高晓薇,王建军,李玉铎,等.壁面粗糙度对催化裂化烟气轮机内颗粒沉积影响的数值研究[J].石油炼制与化工,2016,47: 42 – 48.

[83] 张斐,刘振侠,刘振刚,等.不同来流条件对涡轮叶片表面颗粒沉积影响的实验研究[J].推进技术,2019,40: 1536 – 1545.

[84] Whitaker S M, Prenter R, Bons J P. The effect of freestream turbulence on deposition for nozzle guide vanes[J]. Journal of Turbomachinery, 2015, 137: 121001.

[85] 杨晓军,胡英琦,徐致远,等.存在剥离条件下颗粒物沉积过程的数值研究和实验验证[J].推进技术,2019,40: 1523 – 1535.

[86] 高洁,冯黛丽,冯妍卉,等.熔渣颗粒碰壁的相变沉积热过程模拟[J].工程热物理学报,2020,41: 1000 – 1005.

[87] 唐婵,张靖周.物性对换热表面颗粒沉积特性的影响[J].热力发电,2015,44: 80 – 86.

[88] Iurii F.涡轮叶片近气膜孔区域颗粒沉积预测[D].哈尔滨:哈尔滨工业大学,2019.

[89] 蔡柳溪,肖俊峰,高松,等.燃气透平叶片表面颗粒沉积特性数值研究进展[J].工程热物理学报,2020,41: 342 – 353.

[90] El-Batsh H, Haselbacher H. Numerical investigation of the effect of ash particle deposition on the flow field through turbine cascades[C]. Amsterdam: ASME Turbo Expo: Power for Land, Sea, and Air, 2002.

[91] Brun K, Nored M, Kurz R. Particle transport analysis of sand ingestion in gas turbine engines [J]. Journal of Engineering for Gas Turbines and Power, 2012, 134: 012402.

[92] Wang J J, Lin Y J, Xu W W, et al. Effects of blade roughness on particle deposition in flue gas turbines[J]. Powder Technology, 2019, 353: 426 - 432.

[93] Borello D, Corsini A, Borello D, et al. Modelling of particle transport, erosion and deposition in power plant gas paths[C]. Seoul: ASME Turbo Expo: Turbomachinery Technical Seoul, 2016.

[94] 唐婵,张靖周. 燃气中颗粒在换热表面沉积特性[J]. 燃气轮机技术,2016,29: 15 - 20.

[95] Lawson S A, Thole K A. Simulations of multiphase particle deposition on endwall film-cooling holes in transverse trenches[J]. Journal of Turbomachinery, 2012, 134: 051040.

[96] El-Batsh H, Haselbacher H. Effect of turbulence modeling on particle dispersion and deposition on compressor and turbine blade surfaces[C]. Munich: ASME Turbo Expo: Power for Land, Sea, and Air, 2000.

[97] Brach R M, Dunn P F. A mathematical model of the impact and adhesion of microsphers[J]. Aerosol Science and Technology, 1992, 16: 51 - 64.

[98] Sreedharan S S, Tafti D K. Composition dependent model for the prediction of syngas ash deposition in turbine gas hotpath[J]. International Journal of Heat and Fluid Flow, 2011, 32: 201 - 211.

[99] Kleinhans U, Wieland C, Babat S, et al. Ash particle sticking and rebound behavior: A mechanistic explanation and modeling approach[J]. Proceedings of the Combustion Institute, 2017, 36: 2341 - 2350.

[100] Bons J P, Prenter R, Whitaker S. A simple physics-based model for particle rebound and deposition in turbomachinery[J]. Journal of Turbomachinery, 2017, 139: 081009.

[101] Yu K H, Tafti D. Size- and temperature-dependent collision and deposition model for micron-sized sand particles[J]. Journal of Turbomachinery, 2019, 141: 031001.

[102] Seggiani M. Empirical correlations of the ash fusion temperatures and temperature of critical viscosity for coal and biomass ashes[J]. Fuel, 1999, 78: 1121 - 1125.

[103] Senior C L, Srinivasachar S. Viscosity of ash particles in combustion systems for prediction of particle sticking[J]. Energy & Fuels, 1995, 36: 277 - 283.

[104] Singh S, Tafti D. Particle deposition model for particulate flows at high temperatures in gas turbine components[J]. International Journal of Heat and Fluid Flow, 2015, 52: 72 - 83.

[105] Suman A, Casari N, Fabbri E, et al. Generalization of particle impact behavior in gas turbine via non-dimensional grouping[J]. Progress in Energy and Combustion Science, 2019, 74: 103 - 151.

[106] Liu Z X, Zhang F, Liu Z G. A numerical model for simulating liquid particles deposition on surface[C]. Oslo: PASME Turbo Expo: Turbomachinery Technical Conference and Exposition,2018.

[107] Myers T G. Extension to the Messinger model for aircraft icing[J]. AIAA Journal, 2001, 39: 72 - 83.

[108] Bravo L G, Jain N, Khare P, et al. Physical aspects of CMAS particle dynamics and deposition in turboshaft engines[J]. Journal of Materials Research, 2020, 35: 2249 - 2259.

[109] Albert J E, Bogard D G. Experimental simulation of contaminant deposition on a film cooled turbine vane pressure side with a trench[J]. Journal of Turbomachinery, 2013, 135:

051008.

[110] Liu Z G, Liu Z X, Zhang F, et al. An experimental study of the effects of different transverse trenches on depositing and temperature on a plate with film cooling holes[J]. Aerospace Science and Technology, 2019, 88: 40 - 50.

[111] Liu Z G, Zhang F, Liu Z X, et al. An experimental study of the effects of different transverse trenches on deposition on a turbine vane with film-cooling at high temperature[J]. Aerospace Science and Technology, 2020, 107: 106340.

[112] Walsh W S, Thole K A, Joe C. Effects of sand ingestion on the blockage of film-cooling holes [C]. Barcelona: ASME Turbo Expo: Power for Land, Sea, and Air, 2006.

[113] Wylie S, Bucknell A, Forsyth P, et al. Reduction in flow parameter resulting from volcanic ash deposition in engine representative cooling passages[J]. Journal of Turbomachinery, 2017, 139(3): 031008.

[114] 赵宏杰,姜玉廷,杜磊,等. 船舶燃气轮机冷却涡轮叶片内部带肋冷却通道颗粒沉积特性研究[J]. 推进技术,2020,41: 2499 - 2508.

[115] Li L, Liu C L, Li B R, et al. Numerical study on particles deposition in the U-bend ribbed passage[J]. Journal of Heat Transfer, 2021, 143(2): 023002.

第 2 章
涡轮叶片表面微颗粒沉积
物理过程及其机理

第 1 章对微颗粒沉积的物理过程进行简要说明,可以看出,微颗粒沉积过程基本可以分为三个部分:微颗粒在流场中的运动、微颗粒与结构表面的碰撞(或者相互作用)以及微颗粒在结构表面的固化。本章将对微颗粒沉积过程进行详细阐述,并且分析不同因素对其影响的机理。

2.1 微颗粒在涡轮叶片表面沉积过程

2.1.1 微颗粒在流场中的运动

1. 微颗粒与气流形成的两相流概述

微颗粒在流场中的运动是一个多相流动问题。微颗粒在发动机内部运动过程中,起初是固态,经过发动机燃烧室后,可能会变成熔融态,因此,微颗粒与发动机内部主流形成的是气-固或气-液两相流动,或者是气-固-液多相流动。当微颗粒变成熔融态,可以根据以下公式计算其二次破裂的临界韦伯数 We_c[1]:

$$We_c = 12 \times (1 + 1.077Oh^{1.6}) \tag{2-1}$$

式中,奥内佐格(Ohnesorge)数 Oh 定义为

$$Oh = \frac{\mu_p}{\sqrt{\rho_p d_p \sigma}} \tag{2-2a}$$

式中,μ_p、ρ_p、d_p 以及 σ 分别为微颗粒的黏性系数、密度、粒径以及表面张力系数。而韦伯(Weber)数定义为

$$We = \frac{\rho (\Delta v_{p,f})^2 d_p}{\sigma} \tag{2-2b}$$

式中,ρ 为流体密度;$\Delta v_{p,f}$ 为微颗粒在气流中的相对速度值。当 $We < We_c$ 时,一般

认为熔融态的微颗粒不会发生二次破裂[1]。根据式(2-1)、式(2-2)可以发现，随着微颗粒直径的减少，临界韦伯数 We_c 是增加的，同时，韦伯数 We 却是下降的，因此，小粒径的微颗粒更加难以二次破裂。由于黏性增大会导致奥内佐格数 Oh 增大，从而使得临界韦伯数 We_c 增大，这也会使得微颗粒更加不容易二次破裂。基于上述二次破裂条件，可以对典型环境中的熔融态砂尘(其主要成分为二氧化硅)的二次破裂情况进行定性分析。一般来说，进入航空发动机涡轮通道的微颗粒直径约为 50 μm，这里采用 50 μm 作为计算值；假设燃气温度为 1 500 K，燃气压力约为 25 个大气压，则可以估算出燃气密度为 5.88 kg/m³；由于微颗粒粒径较小，其随流性也较好，因此在燃烧室出口微颗粒与气流的相对速度 $\Delta v_{p,f}$ 一般较小，这里取为 50 m/s；从文献[2]中可以发现，与砂尘成分接近的矿渣的表面张力系数约为 0.3 N/m，基于这些典型值，可以根据式(2-2b)计算出韦伯数为 2.45，这一数值远小于韦伯数 12，从而也远小于考虑奥内佐格数时的临界韦伯数，于是，在研究熔融态微颗粒与气流形成的气-液两相流中不考虑微颗粒的二次破裂，在这种情况下，同时考虑到下面讨论的微颗粒在流动中的稀疏性，气-固、气-液两相流动以及气-固-液的研究方法就基本一致了。

在气-固和气-液两相流动中，需要考虑微颗粒与微颗粒、微颗粒与流动、微颗粒与壁面之间的相互作用，首先来讨论微颗粒与微颗粒之间的相互作用。当微颗粒在流场中的体积分数较低时，微颗粒之间的相互作用可以忽略，微颗粒对流动的影响也较小，此时，微颗粒以散粒体形式运动，或者将两相流动称为稀疏两相流动；当微颗粒在流场中的体积分数到一定临界值，微颗粒之间的相互作用变得较为明显，此时微颗粒与流动之间相互作用也增大，但还不足以改变混合体的本构关系；随着微颗粒的体积分数的进一步增加，微颗粒与微颗粒之间、微颗粒与流动相互作用继续增大，并且混合体的本构关系将发生变化[3]。

当微颗粒在流场中的体积分数较低时，微颗粒之间有三类相互作用：微颗粒之间的碰撞、微颗粒表面边界层之间的相互作用，以及密集微颗粒群中微颗粒之间的相互挤压[3]。由于微颗粒在流场中的体积分数即使很低，微颗粒的随机运动也会导致它们之间发生碰撞，因此一般不基于第一类相互作用判断是否为稀疏两相流动[3]。可以分别基于第二类相互作用和微颗粒外部势流是否存在相互作用建立稀疏两相流动的判据[3-5]。式(2-3)给出了基于第二类相互作用的稀疏两相流动的判据[3]：

$$S_V < S_{V,c1} = \frac{\pi}{6} \left(\frac{1}{1 + 3\sqrt{2}\,\varphi_1 Re_p^{-0.5}} \right)^3 \tag{2-3}$$

式中，S_V 为微颗粒在流动中的体积分数；$S_{V,c1}$ 为(第一种)临界体积分数；φ_1 为非球形修正系数；Re_p 为微颗粒的相对雷诺数(或者当地微颗粒雷诺数)，定义为

$$Re_p = \frac{\rho \Delta v_{p,f} d_p}{\mu} \qquad (2-4)$$

式中，μ 为流体的黏性系数。

基于微颗粒外部势流是否存在相互作用建立的稀疏两相流动判据为[3]

$$S_V < S_{V,c2} = \frac{\pi}{6} \left[\frac{\varphi_2(1+\varepsilon)-1}{\varphi_2(1+\varepsilon)} \right]^3 \left(\frac{1}{1+3\sqrt{2}\varphi_1 Re_p^{-0.5}} \right)^3 \qquad (2-5)$$

式中，$S_{V,c2}$ 为(第二种)临界体积分数；φ_2 为将三维绕球流动简化为二维流动的修正系数；ε 为势流流速改变的临界值，表示微颗粒顶部的势流流速相对于上游来流流速的相对变化量。很显然，$S_{V,c2} < S_{V,c1}$，说明基于 $S_{V,c2}$ 的判据要苛刻一些。从式(2-3)和式(2-5)可以看出，随着相对雷诺数的增加，$S_{V,c1}$ 和 $S_{V,c2}$ 均增加，当 $Re_p \to \infty$ 时，可以给出 $S_{V,c1}$ 和 $S_{V,c2}$ 的上限值，采用该数值来判断流动是否为稀疏两相流动。取 $\varphi_1 = \varphi_2 = 1$，$\varepsilon = 0.01$，则当 $Re_p \to \infty$ 时，$S_{V,c1} \to \pi/6$，$S_{V,c2} \to 0.51 \times 10^{-6}$。显然，此时 $S_{V,c2} \ll S_{V,c1}$，因此，一般采用 10^{-6} 作为判断稀疏两相流动的量级，但有时也采用其他较大的数值作为判断依据[6]。

在1.1节的表1-1中给出了国军标GJB 1171-91中的砂尘环境级别，其中砂尘环境级别最高的5级环境中的砂尘浓度为 4 000～10 000 mg/m³，采用 2 200 kg/m³ 作为砂尘颗粒的密度，则5级砂尘环境的体积分数为 $1.82 \times 10^{-6} \sim 4.55 \times 10^{-6}$，其量级为 10^{-6}，因此，一般在研究微颗粒在涡轮叶片沉积问题时，可以将微颗粒与气流形成的流动看作稀疏两相流动，这样一来，微颗粒与微颗粒之间的相互作用一般可以忽略。

2. 微颗粒在流场中的受力

微颗粒在涡轮叶片表面沉积问题中涉及的流动一般可以认为是稀疏两相流动，而且即使微颗粒是熔融态，一般也较难发生二次破裂，这样一来，无论是固态还是熔融态微颗粒，其与气流形成的稀疏两相流动实际上就可以采用相同的理论模型来处理。

由于不考虑微颗粒之间的相互作用，或者这种相互作用较小，多个微颗粒的运动实际上可以看作是不同单颗微颗粒与流动相互作用的结果；由于微颗粒在流动中的体积分数较小，其对气流的影响也较小，因此，只需要获得微颗粒在气流中受到的力，就可以计算出微颗粒的运动。基于这个思想，气流仍然采用欧拉描述方法，但微颗粒的运动则采用拉格朗日描述法，这种研究两相流动的方法称为欧拉-拉格朗日(Euler-Lagrange)方法。

微颗粒的形状影响其在流场中受到的阻力[8-10]，而实际环境中的微颗粒(如自然环境中砂粒)的形状差异很大[11]，所以，针对每个形状的微颗粒建立相应的阻力模型存在一定困难。但是,球形微颗粒在沉积问题中是一种常见的微颗粒[12,13]。由于微颗粒在沉积在涡轮叶片前受到燃烧室的加热,其状态可能是熔融态(或半熔融态),在这种情况下,微颗粒在表面张力的作用下呈现球形,而熔融态(或半熔融态)微颗粒的沉积概率一般较固态微颗粒要大。此外,虽然微颗粒在流场中受到的阻力与其形状相关联,但在低雷诺数的条件下,各种形状的微颗粒的阻力随着雷诺数的变化趋势基本一致,因此,工程上会通过引入球形度[9]或其他系数[3]修正球形微颗粒阻力计算公式来获得其他非球形微颗粒阻力计算公式。考虑以上原因,主要针对球形微颗粒来建立相关的理论,并基于这些理论展开相关讨论。

微颗粒在流场中的运动方程为

$$m_p \frac{\mathrm{d}\boldsymbol{v}_p}{\mathrm{d}t} = \sum_i \boldsymbol{F}_i \tag{2-6}$$

式中,t 为时间;m_p 和 $\boldsymbol{v}_p$ 为微颗粒质量和运动速度;$\boldsymbol{F}_i$ 为微颗粒受到的不同的力(图 2-1),这些力大致可分为三类:重力 $\boldsymbol{F}_g$、流体作用在微颗粒上的力 $\boldsymbol{F}_f$、电磁力。由于一般微颗粒不带电,不考虑电磁力,主要考虑 $\boldsymbol{F}_g$ 和 $\boldsymbol{F}_f$。

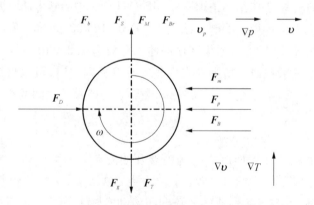

图 2-1　微颗粒在流场中的受力示意图

流体作用在微颗粒上的力 $\boldsymbol{F}_f$ 又可以进一步分成不同的力[14-16],即

$$\boldsymbol{F}_f = \boldsymbol{F}_D + \boldsymbol{F}_m + \boldsymbol{F}_B + \boldsymbol{F}_p + \boldsymbol{F}_S + \boldsymbol{F}_M + \boldsymbol{F}_b + \boldsymbol{F}_{Br} + \boldsymbol{F}_T \tag{2-7}$$

式中,$\boldsymbol{F}_D$、$\boldsymbol{F}_m$、$\boldsymbol{F}_B$、$\boldsymbol{F}_p$、$\boldsymbol{F}_S$、$\boldsymbol{F}_M$、$\boldsymbol{F}_b$、$\boldsymbol{F}_{Br}$ 和 $\boldsymbol{F}_T$ 分别为拖曳力、附加质量力、巴塞特(Basset)力、压力梯度力、萨夫曼(Saffman)力、马格努斯(Magnus)力、浮力、布朗(Brownian)力和热泳力。式(2-7)表明 $\boldsymbol{F}_f$ 是不同力的合力,但是需要注意的是式(2-7)不总是严格成立。流体的运动方程纳维-斯托克斯(Navier-Stokes, N-S)方程存在着对流项,是高度非线性化的,一般情况下,无法将 $\boldsymbol{F}_f$ 表述为不同力的合

力;只有当流体运动方程是线性化时,才有可能将不同种类的力进行相加从而得到合力[7,17]。由于航空发动机外部微颗粒或者内部微颗粒粒径通常均比较小,其随流性较好(将在下面讨论该结论),因此,经过一段运动后,微颗粒与当地流动的相对速度已经很小了,导致微颗粒的相对雷诺数较小,这使得流动的动量方程组中的扩散项远大于对流项,即对流项相对较小或者可以忽略,因而式(2-7)是一个很好的近似。

1) 拖曳力

当微颗粒与流体有相对运动时,就会产生拖曳力,有时将拖曳力称为斯托克斯阻力,对于球形颗粒,其表达式为

$$F_D = \frac{1}{8}C_D\rho\,|\,\boldsymbol{v} - \boldsymbol{v}_p\,|\,(\boldsymbol{v} - \boldsymbol{v}_p)\,\pi d_p^2 \qquad (2-8)$$

式中,C_D 为拖曳力的阻力系数,其表达形式为

$$C_D = \frac{24}{Re_p}f(Re_p) \qquad (2-9)$$

式中,$f(Re_p)$ 为微颗粒的相对雷诺数 Re_p 的函数。应用较为广泛的 $f(Re_p)$ 表达式为[3,7]

$$f(Re_p) = \begin{cases} 1, & Re_p \leqslant 0.2 \\ 1 + Re_p^{0.687}, & 0.2 < Re_p \leqslant 800 \\ 0.44Re_p/24, & Re_p > 800 \end{cases} \qquad (2-10)$$

式(2-10)一般不应用于转捩或者湍流的情况[7]。$C_D = 24/Re_p$ 是斯托克斯基于蠕动(即低雷诺数)流动理论获得的结果,而 $C_D = 0.44$ 是牛顿根据实验获得的高雷诺数情况的结果。但是式(2-10)在 $Re_p = 0.2$ 和 $Re_p = 800$ 处不连续,因此文献[3]给出了另一种阻力系数的表达式,其中 $f(Re_p)$ 可以表达为

$$f(Re_p) = \frac{32(1 - Re_p/C_1)^2 - 1}{C_2 Re_p} \qquad (2-11)$$

式中,C_1 和 C_2 为两个常数,可由下式进行计算:

$$C_1 = \begin{cases} 10.9093, & Re_p \leqslant 50 \\ 64.7727, & 50 < Re_p \leqslant 10^5 \end{cases}, \quad C_2 = \begin{cases} 1.0185 \times 10^{-2}, & Re_p \leqslant 50 \\ 7.2227 \times 10^{-4}, & 50 < Re_p \leqslant 10^5 \end{cases}$$

$$(2-12)$$

相对于其他力来说,拖曳力一般占主导。假设流动速度是常数,并且忽略其他

力,微颗粒的运动方程(2-6)可写为

$$m_p \frac{\mathrm{d}(\boldsymbol{v_p} - \boldsymbol{v})}{\mathrm{d}t} = \frac{1}{8} C_D \rho \mid \boldsymbol{v} - \boldsymbol{v_p} \mid (\boldsymbol{v} - \boldsymbol{v_p}) \pi d_p^2 \qquad (2-13)$$

两端点乘($\boldsymbol{v_p} - \boldsymbol{v}$),有

$$\frac{m_p}{2} \frac{\mathrm{d} \mid \boldsymbol{v_p} - \boldsymbol{v} \mid^2}{\mathrm{d}t} = -\frac{1}{8} C_D \rho \mid \boldsymbol{v} - \boldsymbol{v_p} \mid^3 \pi d_p^2 \qquad (2-14)$$

根据式(2-4),有 $\mid \boldsymbol{v_p} - \boldsymbol{v} \mid = \mu Re_p/(\rho d_p)$,将其和式(2-9)代入式(2-14)并整理有

$$\frac{\mathrm{d}Re_p}{\mathrm{d}t} = -\frac{18\mu f(Re_p) Re_p}{\rho_p d_p^2} \qquad (2-15)$$

式中,已经利用了 $m_p = \frac{1}{6} \pi \rho_p d_p^3$。由于一般情况下,$f(Re_p) > 0$,这说明 $\frac{\mathrm{d}Re_p}{\mathrm{d}t} < 0$,即 Re_p 随着时间是逐渐减少的,当 Re_p 减少到 0.2 以下时,根据式(2-10),方程(2-15)变为

$$\frac{\mathrm{d}Re_p}{\mathrm{d}t} = -\frac{18\mu Re_p}{\rho_p d_p^2} \qquad (2-16)$$

积分式(2-16)有

$$Re_p = Ce^{-\frac{18\mu t}{\rho_p d_p^2}} \qquad (2-17)$$

式中,C 为一个常数。显然,根据式(2-17)可以发现,$\lim_{t \to \infty} Re_p = 0$,即微颗粒速度最终会和流动的速度一致。

根据式(2-16),组合参数 $18\mu/(\rho_p d_p^2)$ 能够表征 Re_p 衰减速度,这一点从式(2-17)可以更明显地看出。如果选定微颗粒运动的距离 l 作为参考长度,则方程(2-15)可以变为

$$\frac{\mathrm{d}Re_p}{\mathrm{d}\tau} = -\frac{f(Re_p) Re_p}{St} \qquad (2-18)$$

式中,$\tau = vt/l$ 是无量纲时间(v 是流动速度的大小,即 $v = \mid \boldsymbol{v} \mid$),表示流体流过 l 所需要的时间,而 St 是一个无量纲量,被称为斯托克斯(Stokes)数,定义为

$$St = \frac{\rho_p d_p^2 v}{18 \mu l} \qquad (2-19)$$

显然,当 St 较大时,Re_p 衰减较慢,即微颗粒从初始速度达到流动速度的时间较长,也就是微颗粒的随流性较差;反之,当 St 较小时,Re_p 衰减较快,微颗粒可以在较短时间内从初始速度达到流动速度,即微颗粒的随流性较好。进一步,假设 $f(Re_p) = a$ 为常数,则可以得到:

$$|\boldsymbol{v}_p - \boldsymbol{v}| = |\boldsymbol{v}_{p,0} - \boldsymbol{v}| \mathrm{e}^{-\frac{18\mu a t}{\rho_p d_p^2}} \text{ 或 } |\boldsymbol{v}_p - \boldsymbol{v}| = |\boldsymbol{v}_{p,0} - \boldsymbol{v}| \mathrm{e}^{-\frac{a\tau}{St}} \qquad (2-20)$$

式中,$\boldsymbol{v}_{p,0}$ 为微颗粒初始时刻的速度。从式(2-20)可以更加清楚地看出上面的结论。斯托克斯数还可以看成是微颗粒弛豫时间 $\rho_p d_p^2/(18\mu)$ 和特征时间 l/v 的比值,这是斯托克斯数的另一个物理意义。

由于斯托克斯数与微颗粒直径的平方成正比,因此对于直径较小的微颗粒,其斯托克斯数将会变得较小,相对于流动的特征时间,其弛豫时间较小,随流性较好;反之,对于直径较大的微颗粒,其斯托克斯数将会变得较大,其弛豫时间较大,随流性较差。如果微颗粒直径为 50 μm,其密度为 2 200 kg/m³,假设燃气流动速度为 200 m/s,燃气黏性系数采用 5.88×10⁻⁵ Pa·s(燃气温度为 1 500 K 时的值),以涡轮叶片弦长典型值 0.05 m 作为参考长度,则相应的斯托克斯数为 22.77,如果微颗粒直径变为 10 μm,则斯托克斯数变为 0.91。在一般情况下,微颗粒的直径不是单一的,不同粒径分布的微颗粒在气流中的运动特性以及沉积特性是有差异的。

2) 附加质量力

附加质量力是由微颗粒在流体中加速运动而产生,它的产生与流体的黏性无关,利用理想流体力学理论可以得到附加质量力[18]。对于球形微颗粒,附加质量力为

$$\boldsymbol{F}_m = \frac{1}{2} m_p^* \frac{\mathrm{d}(\boldsymbol{v} - \boldsymbol{v}_p)}{\mathrm{d}t} = \frac{1}{12} \pi d_p^3 \rho \frac{\mathrm{d}(\boldsymbol{v} - \boldsymbol{v}_p)}{\mathrm{d}t} \qquad (2-21)$$

式中,m_p^* 为微颗粒排开流体的质量,即 $m_p^* = \rho \pi d_p^3/6$。显然,附加质量力总是与微颗粒在流体中的相对加速度方向相反。在式(2-13)等号右边加上式(2-21),可以发现,当考虑附加质量力时,微颗粒的"等效质量"实际上是增加了,这相当于增加了微颗粒的"等效密度"(保持体积不变),相应的斯托斯克斯数会增加,因此,微颗粒的随流性减弱。但是需要注意的是,由于气流的密度一般远小于微颗粒的密度(两者相比的量级为 10⁻³ ~ 10⁻²),因此,在微颗粒沉积问题中,这种由于附加质量力导致微颗粒随流性的减弱一般不会太明显。

3）巴塞特（Basset）力

当微颗粒在黏性流体中加速运动时，由于边界层的发展[14,15]，会产生巴塞特力，其计算公式为

$$F_B = \frac{3}{2} d_p^2 \sqrt{\pi \rho \mu} \int_{t_0}^{t} \frac{\dfrac{\mathrm{d}}{\mathrm{d}\lambda}(\boldsymbol{v} - \boldsymbol{v}_p)\mathrm{d}\lambda}{\sqrt{t - \lambda}} \quad (2-22)$$

式中，积分中的 $\boldsymbol{v}$ 和 $\boldsymbol{v}_p$ 实际上是时间 t 的函数，但在积分中将 t 替换成积分参量 λ。巴塞特力与附加质量力不同的是，前者与流体的黏性有关，而后者与流体的黏性无关。附加质量力只与当前微颗粒的相对加速度有关，但是巴塞特力与微颗粒的加速过程有关，具有"历史"累积性[19]，因此，巴塞特力的计算比较耗时[20]。此外，如果在计算中考虑巴塞特力，则微颗粒的运动方程将由微分方程变为积分-微分方程，增加了方程的复杂性以及求解难度。对于粒径较小的微颗粒，巴塞特力会比较小[20]。

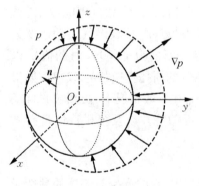

图 2-2　压力梯度力示意图

4）压力梯度力

流场中的压力梯度会引起一个附加的力，如图 2-2 所示。由于微颗粒粒径较小，可以认为压力梯度在微颗粒附近为常数，在这种条件下，微颗粒附近的流场中的压力场为

$$p = p_o + \nabla p \cdot \boldsymbol{r} \quad (2-23)$$

式中，p_o 为微颗粒中心的参考压力；$\boldsymbol{r} = (x, y, z)$ 为矢径。作用在微颗粒上的压力的合力为

$$F_p = -\int_S p\boldsymbol{n}\mathrm{d}S = -\int_S (p_o + \nabla p \cdot \boldsymbol{r})\boldsymbol{n}\mathrm{d}S \quad (2-24)$$

式中，积分曲面为微颗粒的表面；$\boldsymbol{n}$ 为其单位外法线（图 2-2）。根据奥高积分公式，有 $\int_S p_o\boldsymbol{n}\mathrm{d}S = \int_V \nabla p_o \mathrm{d}V = 0$ 以及 $\int_S (\nabla p \cdot \boldsymbol{r})\boldsymbol{n}\mathrm{d}S = \int_V \nabla p\mathrm{d}V = (\nabla p)V = \frac{1}{6}\pi d_p^3 \nabla p$（$\nabla p$ 为常数），代入式（2-24），则

$$F_p = -\frac{1}{6}\pi d_p^3 \nabla p \quad (2-25)$$

把这种由于压力不均匀性引起的附加力 F_p 称为压力梯度力。可以看出，压力梯度力与压力梯度的方向是相反的。

5) 萨夫曼(Saffman)力

与压力梯度力产生的原因类似,当流动的速度场不均匀时(图 2-3),会引起局部压力场的不均匀(如图 2-3 中速度大的部分附近的压力较小),从而会对微颗粒施加一个额外的力,这个力就是萨夫曼力。

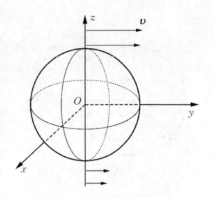

图 2-3　萨夫曼力示意图

萨夫曼(Saffman)针对平面截切流绕球形微颗粒得到了计算萨夫曼力的公式[21],Li 和 Ahmadi[22]将萨夫曼力计算公式扩展到一般三维流动的情况,即

$$\boldsymbol{F}_S = \frac{\pi K \rho d_p^2}{3} \frac{\nu^{1/2} S_{ij}}{(S_{lk}S_{kl})^{1/4}} (\nu_j - \nu_{p,j}) \tag{2-26}$$

为了方便,式(2-26)采用了张量形式,其中常数 $K = 2.594$; $\nu = \mu/\rho$ 是流体的运动黏性系数; $S_{ij} = \frac{1}{2}\left(\frac{\partial \nu_i}{\partial x_j} + \frac{\partial \nu_j}{\partial x_i}\right)$ 是流体应变率张量。

考虑简单平面流动 $\boldsymbol{\nu} = (\nu(y), 0, 0)$,则应力张量只有分量 $S_{xy} = S_{yx} = \frac{1}{2}\frac{\mathrm{d}\nu}{\mathrm{d}y}$,其余分量均为 0,所以 $S_{lk}S_{kl} = \left(\frac{1}{2}\right)^{1/4}\left|\frac{\mathrm{d}\nu}{\mathrm{d}y}\right|^{1/2}$, $S_{ij}(\nu_j - \nu_{p,j}) = \frac{1}{2}\frac{\mathrm{d}\nu}{\mathrm{d}y}(-\nu_{p,y}, \nu - \nu_{p,x}, 0)$,将这两个式子代入式(2-26)可以得到简单平面流动的萨夫曼力:

$$\boldsymbol{F}_S = K_s(\rho\mu)^{1/2}d_p^2\mathrm{sgn}\left(\frac{\mathrm{d}\nu}{\mathrm{d}y}\right)\left|\frac{\mathrm{d}\nu}{\mathrm{d}y}\right|^{1/2}(-\nu_{p,y}, \nu - \nu_{p,x}, 0) \tag{2-27}$$

式中, $K_s = \pi K(1/2)^{3/4}/3 = 1.615$; $\mathrm{sgn}(x)$ 为符号函数。从式(2-27)可以发现,微颗粒在平面简单剪切流动中受到的萨夫曼力有两个分量,一个分量是在流动方向,另一个是在垂直于流动速度的方向;进一步,如果微颗粒的运动方向与流动速度方向一致,则萨夫曼力为一侧向力,但这一条件对于一般情况是不一定成立的。

由于在主流区,流场的速度梯度较小,因此萨夫曼力一般较小。但是在边界层内,流场的速度梯度较大,此时萨夫曼力的作用变得较为明显。

6) 马格努斯(Magnus)力

与萨夫曼力产生的原因类似,微颗粒的旋转可以引起流动的速度场不均匀,从而会引起一个施加在微颗粒上的力,该力称为马格努斯(Magnus)力。马格努斯力垂直于微颗粒旋转方向和来流速度(图 2-4),其一般形式为[19,23]

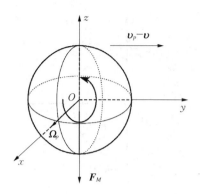

$$F_M = \frac{1}{2}\rho A C_M |\boldsymbol{v_p} - \boldsymbol{v}| (\boldsymbol{v_p} - \boldsymbol{v}) \times \boldsymbol{\Omega_p} / |\boldsymbol{\Omega_p}| \tag{2-28}$$

式中，C_M 为升力系数；A 为微颗粒的迎风面积（对于圆球而言，$A = \pi d_p^2/4$）；$\boldsymbol{\Omega_p}$ 为微颗粒相对于流动的旋转速度，定义为

$$\boldsymbol{\Omega_p} = \boldsymbol{\omega_p} - \frac{1}{2}\nabla \times \boldsymbol{v} \tag{2-29}$$

图 2-4　马格努斯力示意图

式中，$\boldsymbol{\omega_p}$ 为微颗粒的旋转速度。

升力系数是一个与无量纲旋转参数 $\gamma = |\boldsymbol{\Omega_p}| d_p/(2|\boldsymbol{v_p} - \boldsymbol{v}|)$ 和相对雷诺数 Re_p 相关的量，文献[24]通过实验确立了当 $1 < \gamma < 6$ 和 $10 < Re_p < 140$ 时的升力系数经验公式：

$$C_M = 0.45 + (2\gamma - 0.45)\exp(-0.075\gamma^{0.4}Re_p^{0.7}) \tag{2-30}$$

如果定义旋转雷诺数为

$$Re_\omega = \frac{\rho |\boldsymbol{\Omega_p}| d_p^2}{\mu} \tag{2-31}$$

则方程（2-30）可以修改为

$$C_M = 0.45 + \left(\frac{Re_\omega}{Re_p} - 0.45\right)\exp(-0.056\,84 Re_\omega^{0.4}Re_p^{0.3}) \tag{2-32}$$

当 $Re_p \to 0$ 时，则 $C_M \to 2\gamma = |\boldsymbol{\Omega_p}| d_p/|\boldsymbol{v_p} - \boldsymbol{v}|$ 或者 $C_M \to Re_\omega/Re_p$，这正是低雷诺数的情形[19]。

当微颗粒较小时，此时相对雷诺数一般来说也较低，马格努斯力 $\boldsymbol{F_M} \to \frac{1}{8}\rho\pi d_p^3(\boldsymbol{v_p} - \boldsymbol{v}) \times \boldsymbol{\Omega_p}$，即马格努斯力与微颗粒的直径的三次方成正比，因此，马格努斯力在微颗粒相对于流体的旋转不强烈时是较小的，下面将进一步说明，当微颗粒粒径较小时，其相对于流体的旋转也会较快衰减。所以，对于粒径较小的微颗粒，马格努斯力对其运动影响较小。

7）重力和浮力

重力 $\boldsymbol{F_g}$ 和浮力 $\boldsymbol{F_b}$ 分别为

$$\boldsymbol{F_g} = \frac{1}{6}\pi d_p^3 \rho_p \boldsymbol{g} \tag{2-33}$$

$$F_b = -\frac{1}{6}\pi d_p^3 \rho \boldsymbol{g} \tag{2-34}$$

显然,$|\boldsymbol{F}_g|/|\boldsymbol{F}_b| = \rho_p/\rho$。微颗粒沉积问题中的微颗粒密度远大于气流密度,相比于重力,浮力的影响比较小。

8) 布朗(Brownian)力

流体分子运动会使得在流体中的微颗粒受到布朗力。Li 和 Ahmadi[22] 将布朗力看作一个高斯白噪声随机过程,并给出了具体表达式:

$$\boldsymbol{F}_{Br} = \frac{1}{6}\pi \rho_p d_p^3 \boldsymbol{G}\sqrt{\frac{\pi B_0}{\Delta t}} \tag{2-35}$$

式中,$\boldsymbol{G} = (G_x, G_y, G_z)$ 为一个矢量,其每个分量都是一个平均值为 0、方差为 1 的高斯随机数,而且各个分量是相互独立的;Δt 为进行计算时的时间步长;B_0 的表达式为

$$B_0 = \frac{216\nu k_B T}{\pi^2 \rho d_p^5 \left(\dfrac{\rho_p}{\rho}\right)^2 C_c} \tag{2-36}$$

式中,$k_B = 1.38 \times 10^{-23}$ J/K;T 为流场的温度;$\nu = \mu/\rho$ 为流体的运动黏性系数;C_c 为康宁汉姆系数,其表达式为

$$C_c = 1 + \frac{2\lambda_f}{d_p}\left[1.257 + 0.4\exp\left(\frac{-1.1 d_p}{2\lambda_f}\right)\right] \tag{2-37}$$

式中,λ_f 为流体分子自由程。一方面,布朗力相对于其他力来说比较小,可以忽略;另一方面,在湍流中,流动的脉动产生的影响要比布朗力显著得多。

9) 热泳力

前面提到的压力梯度力与流场的压力不均匀性相关,而萨夫曼力与流动速度不均匀性相关,类似地,当流动的温度场不均匀时,微颗粒会受到周围气体分子的差异性碰撞,从而在沿温度梯度相反方向上受到一个额外的力的作用,该力即为热泳力。热泳力的一般表达式为

$$F_T = -\frac{D_T}{T}\nabla T \tag{2-38}$$

式中,D_T 为一个系数。对于不同的克努森(Knudsen)数 Kn(定义为流体分子自由程与微颗粒半径之比,即 $2\lambda_f/d_p$),D_T 具有不同表达式,如果 Kn 的量级是 10^{-1},则采用 Brock 的方法较为合适[16]。Talbot 等[16] 得到了 $0 < Kn < \infty$ 范围内的一个计

算 D_T 的表达式:

$$D_T = -\frac{6\pi d_p \mu^2 C_S (k_f/k_p + C_t Kn)}{\rho(1 + 3C_m Kn)(1 + 2k_f/k_p + 2C_t Kn)} \qquad (2-39)$$

式中, $C_S = 1.17$; $C_m = 1.14$; $C_t = 2.18$; k_f 和 k_p 分别为流体和微颗粒热传导系数。

从式(2-38)可以看出,在流动的核心区域,由于温度梯度较小,则热泳力较小,但是在靠近壁面附近,例如边界层内,则流场的温度梯度可能较大,此时热泳力也较为明显。

3. 微颗粒在流场中的旋转

上面提到马格努斯力是一个与微颗粒旋转相关的力。当微颗粒相对于流场有旋转时,就会在垂直于相对旋转角速度和相对速度方向上受到马格努斯力(即侧向力),相对于无旋转的情况,微颗粒的轨迹就可能发生偏转,从而影响微颗粒在结构表面的撞击位置。相对于微颗粒的速度,其旋转角速度是一个难以测量或者确定的量,因此,在数值计算上,就难以确定其初始旋转速度,从而就难以精确地计算其后续旋转和运动。但是,下面将要证明,当微颗粒直径较小时,其旋转会很快衰减。

微颗粒的转动方程为[25,26]

$$I_p \frac{\mathrm{d}\boldsymbol{\omega}_p}{\mathrm{d}t} = \boldsymbol{T} = -\frac{\rho}{2}\left(\frac{d_p}{2}\right)^5 C_\omega |\boldsymbol{\Omega}_p| \cdot \boldsymbol{\Omega}_p \qquad (2-40)$$

式中, I_p 为微颗粒的转动惯量(对于球形微颗粒 $I_p = \pi\rho_p d_p^5/60$); $\boldsymbol{\omega}_p$ 为旋转角速度; $\boldsymbol{T}$ 为流体作用在微颗粒上的力矩; $\boldsymbol{\Omega}_p$ 为微颗粒相对于流动的旋转角速度[式(2-29)]; C_ω 为旋转阻力系数,其与旋转雷诺数和微颗粒的相对雷诺数相关。Dennis 等[26]给出了一个计算 C_ω 的经验关系式:

$$C_\omega = \frac{12.9}{\sqrt{Re_\omega}} + \frac{128.4}{Re_\omega} \qquad (2-41)$$

式中, Re_ω 为旋转雷诺数[式(2-31)]。在微颗粒的相对雷诺数 Re_p 较小(例如小于100)时,当 $80 < Re_\omega < 4\,000$ 时,式(2-41)的计算与实验吻合得较好,在 $Re_\omega \sim 10$ 范围内精度尚可[25,26];由于 C_ω 是 Re_p 的增函数,这意味着在考虑 Re_p 影响的情况下,会加速微颗粒旋转的衰减。为了简单起见,采用式(2-41)作为旋转阻力系数进行讨论。

假设流场的旋度 $\nabla \times \boldsymbol{v}$ 为一常数,根据式(2-29),方程(2-40)可以改写为

$$I_p \frac{\mathrm{d}\boldsymbol{\Omega}_p}{\mathrm{d}t} = -\frac{\rho}{2}\left(\frac{d_p}{2}\right)^5 C_\omega |\boldsymbol{\Omega}_p| \cdot \boldsymbol{\Omega}_p \qquad (2-42)$$

在式(2-42)两边点乘 $\boldsymbol{\Omega}_p$,则有

$$I_p \frac{\mathrm{d}|\boldsymbol{\Omega}_p|^2}{\mathrm{d}t} = -\rho \left(\frac{d_p}{2}\right)^5 C_\omega |\boldsymbol{\Omega}_p|^3 \qquad (2-43)$$

将式(2-41)代入式(2-43),考虑到 Re_ω 的定义,并进行化简,则有

$$\frac{\mathrm{d}|\boldsymbol{\Omega}_p|}{\mathrm{d}t} = -\frac{c_1 \sqrt{\rho\mu} \, d_p^4}{2I_p} |\boldsymbol{\Omega}_p|^{3/2} - \frac{c_2 \mu d_p^3}{2I_p} |\boldsymbol{\Omega}_p| \qquad (2-44)$$

式中, $c_1 = 12.9/32 = 0.403\,125$; $c_2 = 128.4/32 = 4.012\,5$ 。 方程(2-44)有解:

$$\ln\left[\frac{|\boldsymbol{\Omega}_p|}{(\alpha\sqrt{|\boldsymbol{\Omega}_p|}+\beta)^2}\right] = -\beta t + \ln\left[\frac{|\boldsymbol{\Omega}_{p,0}|}{(\alpha\sqrt{|\boldsymbol{\Omega}_{p,0}|}+\beta)^2}\right] \qquad (2-45)$$

式中, $\alpha = c_1 \sqrt{\rho\mu} \, d_p^4/(2I_p)$ 以及 $\beta = c_2 d_p^3 \mu/(2I_p)$ 。 由于 $\alpha > 0$ 和 $\beta > 0$,则根据式(2-45)可以发现,当 $t \to \infty$ 时, $|\boldsymbol{\Omega}_p| \to 0$,即微颗粒旋转速度趋于流体旋转速度。进一步分析式(2-45)发现, $|\boldsymbol{\Omega}_p|$ 实际上以接近于 $\mathrm{e}^{-\beta t}$ 的形式在衰减,而 β 能够反映其衰减的速率, $1/\beta$ 就是旋转弛豫时间,这一点与前面论述拖曳力是类似的。

前面说明了斯托克斯数表征了微颗粒的相对雷诺数(或者相对速度)的衰减速度,下面将说明斯托克斯数也能表征微颗粒的旋转雷诺数(或者相对旋转速度)的衰减速度。以球形颗粒为例,可以将式(2-43)变为一个类似于式(2-18)的关于旋转雷诺数 Re_ω 随时间变化的方程:

$$\frac{\mathrm{d}Re_\omega}{\mathrm{d}\tau} = -\frac{5}{96\pi} \frac{C_\omega Re_\omega^2}{St} \qquad (2-46)$$

式中, $\tau = \upsilon t/l$ 是无量纲时间(υ 是流动速度的大小,即 $\upsilon = |\boldsymbol{v}|$,这里作为一个特征速度)。从式(2-46)可以看出, St 也可以作为决定旋转雷诺数衰减速度的参数。斯托克斯数可以看作是微颗粒运动弛豫时间与特征时间的比值,也可以表征微颗粒旋转弛豫时间 $1/\beta$ 与特征时间 l/υ 的比值 St_ω 。对于球形微颗粒,根据式(2-45)中 β 的定义, St_ω 为

$$St_\omega = \frac{\pi}{30c_2} \frac{\rho_p d_p^2 \upsilon}{\mu l} = 0.47 St \qquad (2-47)$$

其中最后一步用到了斯托克斯数的定义[式(2-19)]。

当微颗粒直径较小时,对应的 St 也较小,这使得旋转雷诺数 Re_ω 以较快速度或者在较短时间内衰减为一个较小数值或者为 0,相应地,微颗粒相对旋转速度也会衰减为一个较小的数值或者为 0,根据式(2-28),马格努斯力也会变得较小或者

为 0,从而在微颗粒后续的运动中,其旋转造成的轨迹偏转会减少。由于在微颗粒沉积问题中,微颗粒要经过压气机以及燃烧室后,才能与涡轮叶片碰撞,而微颗粒直径较小,上游的流动使得微颗粒在流动中的相对旋转减弱,使得在燃烧室出口处,微颗粒的相对旋转不明显,因而在微颗粒沉积问题研究中,微颗粒旋转一般被忽略;而且由于微颗粒旋转是一个较难测量的物理量,实验上也难以给数值模拟提供一个微颗粒初始旋转速度。

4. 微颗粒在流场中的换热

微颗粒的运动不仅受到流动的影响,其温度也受到流动的影响。微颗粒在流场的运动决定了其是否撞击涡轮叶片表面或者撞击位置,但是其温度决定撞击后的沉积特性或沉积概率。由于球形微颗粒的简单性,以及实际沉积问题中的典型性(见本节前面论述),在本小节,着重讨论球形微颗粒在流场中的换热问题,获得具有代表性的结论。

1) 球形微颗粒流场中对流换热问题

考虑一个在流场中运动的微颗粒,为了方便,建立如图 2-5 所示的球坐标 (r, θ, ϕ),在微颗粒内部,球坐标下的传热方程为

$$\frac{1}{r^2}\frac{\partial}{\partial r}\left(r^2\frac{\partial T_p}{\partial r}\right) + \frac{1}{r^2\sin\theta}\frac{\partial}{\partial\theta}\left(\sin\theta\frac{\partial T_p}{\partial\theta}\right) + \frac{1}{r^2\sin^2\theta}\frac{\partial^2 T_p}{\partial\phi^2} = \frac{\rho_p c_p}{k_p}\frac{\partial T_p}{\partial t}$$

$$(2-48)$$

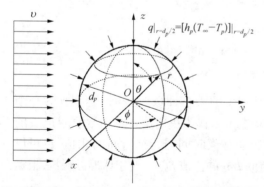

式中,ρ_p、c_p、k_p 和 T_p 分别为微颗粒的密度、比热、热传导系数和温度。假设微颗粒与周围流体的对流换热与方位无关,这样微颗粒内部传热也是球对称的,即方程(2-48)中关于 θ 和 ϕ 的偏导数的各项均为 0,方程(2-48)进而可以简化为

$$\frac{1}{r^2}\frac{\partial}{\partial r}\left(r^2\frac{\partial T_p}{\partial r}\right) = \frac{1}{\alpha_p}\frac{\partial T_p}{\partial t}$$

$$(2-49)$$

图 2-5 微颗粒在流场中的对流换热示意图

式中,$\alpha_p = k_p/(\rho_p c_p)$。为了方便求解,方程(2-49)可以改为

$$\frac{\partial^2}{\partial r^2}(rT_p) = \frac{1}{\alpha_p}\frac{\partial}{\partial t}(rT_p)$$

$$(2-50)$$

考虑到微颗粒与流体的对流换热,则微颗粒温度需要满足的边界条件为

$$\begin{cases} \dfrac{\partial T_p}{\partial r}\bigg|_{r=0} = 0 \\ k_p \dfrac{\partial T_p}{\partial r}\bigg|_{r=d_p/2} = \left[h_p(T_\infty - T_p) \right]\bigg|_{r=d_p/2} \end{cases} \tag{2-51}$$

式中，h_p 为对流换热系数；T_∞ 表示微颗粒周围流体的温度，注意该温度不是指微颗粒外边界上流体的温度，而是指远离微颗粒的一个参考温度。第一个边界条件是由于对称性的要求，第二边界条件是微颗粒外边界上热流连续性要求下必须满足的。相应的初始条件为

$$T_p \big|_{t=0} = T_{p,\,\text{init}}(r) \tag{2-52}$$

基于方程(2-50)~方程(2-52)，可以利用分离变量法求得任意时刻微颗粒内部温度分布，但是为了方便讨论以及所获得的结论具有普遍性，可以先将方程(2-50)~方程(2-52)无量纲化，然后再求解。为此，定义无量纲参数如下：

$$\xi = \frac{2r}{d_p},\ \Theta_p = \frac{T_p - T_\infty}{T_{p,0} - T_\infty},\ Bi = \frac{h_p d_p}{2k_p},\ \tau = \frac{4k_p t}{\rho_p c_p d_p^2} \tag{2-53}$$

式中，ξ、Bi 和 τ 实际上采用选择微颗粒半径作为特征长度进行无量纲化，$T_{p,0}$ 为初始时刻微颗粒中心的温度，即 $T_{p,0} = T_{p,\text{init}}(0)$。这里有一个重要的无量纲参数 Bi，该参数被称为毕渥(Biot)数。毕渥数的表达式可以改为 $Bi = (0.5d_p/k_p)/(1/h_p)$，前一个括号内的项表征微颗粒内部热传导热阻，而后一个表征微颗粒表面对流换热热阻，因此毕渥数表征了两个热阻之比。

根据式(2-53)定义的各个无量纲参数，方程(2-50)~方程(2-52)的无量纲形式分别为

$$\frac{\partial^2}{\partial \xi^2}(\xi\Theta_p) = \frac{\partial}{\partial \tau}(\xi\Theta_p) \tag{2-54}$$

$$\begin{cases} \dfrac{\partial \Theta_p}{\partial \xi}\bigg|_{\xi=0} = 0 \\ \dfrac{\partial \Theta_p}{\partial \xi}\bigg|_{\xi=1} + Bi\Theta_p = 0 \end{cases} \tag{2-55}$$

$$\Theta_p \big|_{\tau=0} = \Theta_{p,\text{init}}(\xi) = \frac{T_{p,\text{init}} - T_\infty}{T_{p,0} - T_\infty} \tag{2-56}$$

结合边界条件和初始条件，利用分离变量法可以获得方程(2-54)的级数解，即

$$\Theta_p = \frac{2}{\xi} \sum_{n=1}^{\infty} \left\{ \frac{[\lambda_n^2 + (1 - Bi)^2]\, \mathrm{e}^{-\lambda_n^2 \tau} \sin \lambda_n \xi}{\lambda_n^2 + (1 - Bi)^2 - (1 - Bi)} \int_0^1 \chi \Theta_{p,\,\mathrm{init}}(\chi) \sin \lambda_n \chi \mathrm{d}\chi \right\}$$

$$(2-57)$$

式中，λ_n 是方程 $\lambda \cot \lambda = 1 - Bi$ 的第 $n(n > 0)$ 个根。根据式(2-57)，可以证明：

$$|\Theta_p| \leqslant 2Bi\Theta_{p,\,\mathrm{init},\,\mathrm{max}} \sum_{n=1}^{\infty} \left\{ \left| \frac{[\lambda_n^2 + (1 - Bi)^2]}{\lambda_n^2 + (1 - Bi)^2 - (1 - Bi)} \frac{\sin \lambda_n \xi}{\lambda_n \xi} \frac{\sin \lambda_n}{\lambda_n} \right| \right\}$$

$$(2-58)$$

式中，$\Theta_{p,\,\mathrm{init},\,\mathrm{max}}$ 为初始时刻无量纲温度 $\Theta_{p,\,\mathrm{init}}(\xi)$ 的最大值。可以证明式中的级数是收敛的，当 $Bi \to 0$ 时，$|\Theta_p| \to 0$，根据 Θ_p 的定义[式(2-53)]，这意味着微颗粒内部温度的最大值和最小值之间的差趋于0，即微颗粒内部的温度场趋于一个平均场。因此，对于毕渥数 Bi 较小的情况(例如微颗粒粒径较小的情况)，微颗粒内部温度能够很快趋于一致，从而可以将微颗粒当成一个"集中点"来进行处理。

取微颗粒直径 d_p 为 10 μm，一般微颗粒(以黏土、水泥和黄沙为例)的热传导系数在 1 W/(m·K) 附近[27]；以干空气为例，其在 1 500~2 000 K 的热传导系数 k_∞ 为 0.1 W/(m·K)[28]，球体自然对流努塞特(Nusselt)数 $Nu(Nu = h_p d_p/k_\infty)$ 为 2[7]，这样可以估算对流换热系数 h_p 为 2.0×10^4 W/(m²·K)，从而可以估算出毕渥数 Bi 为 0.1。假设初始时刻微颗粒内部温度是均匀的(此时 $\Theta_{p,\,\mathrm{init}} = 1$)，图 2-6 给出了 $\tau = 0.1$、1.0 时，不同 Bi 的微颗粒内部无量纲温度分布，可以发现，对于较小的 Bi，微颗粒内部温度分布较均匀，在 $\tau = 0.1$ 时，较大 Bi 对应的温度分布还不够均匀，但

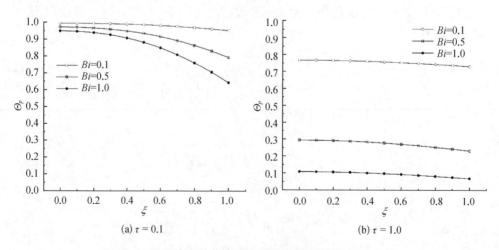

(a) $\tau = 0.1$ 　　　　　　　　　(b) $\tau = 1.0$

图 2-6　不同毕渥数的情况下微颗粒内部无量纲温度分布

是当 $\tau = 1.0$ 时,其对应的温度分布也变得较均匀。根据上面的讨论可以发现,在微颗粒沉积问题中,所涉及的 Bi 一般较小,在进行换热讨论或计算时可以将微颗粒当作一个"集中点"来处理。

2) 微颗粒换热的集中参数法处理

采用集中参数法处理微颗粒换热问题时,不考虑其内部的温度分布,认为其内部温度在每一时刻是均匀分布的,于是根据能量守恒定律,可以得到微颗粒的换热方程:

$$m_p c_p \frac{\mathrm{d}T_p}{\mathrm{d}t} = h_p A_p (T_\infty - T_p) \tag{2-59}$$

式中,A_p 为微颗粒表面积。注意式中微颗粒温度 T_p 只是时间的函数,这与式(2-50)是不同的。方程(2-59)可用于微颗粒没有发生相变时的温度变化,当微颗粒发生相变时,需要考虑潜热。为了求解该方程,只需要提供初始条件。如果在初始时刻,微颗粒的温度为 $T_{p,0}$,即

$$T_p(0) = T_{p,0} \tag{2-60}$$

根据式(2-59)和式(2-60),可以获得微颗粒温度随时间的变化满足下式:

$$t = \frac{m_p c_p}{h_p A_p} \ln\left(\frac{T_{p,0} - T_\infty}{T_p - T_\infty} \right) = \frac{\rho_p c_p V_p}{h_p A_p} \ln\left(\frac{T_{p,0} - T_\infty}{T_p - T_\infty} \right) \tag{2-61}$$

式中,V_p 为微颗粒体积。

当微颗粒的温度达到其熔点(或凝固点)时,就会发生相变。需要注意,由于微颗粒化学成分的复杂性,一般不存在类似于纯净物的单一熔点(或凝固点)。为了方便,可以选择一个特定的温度作为熔点(或称为软化温度),假设微颗粒的相变过程和纯净物的相变过程近似,即在相变过程中温度不变,根据能量守恒定律可以建立相变过程中的换热方程:

$$h_p A_p \left| T_{p,s} - T_\infty \right| t = \rho_p V_p \Delta h_{\mathrm{fus}} \tag{2-62}$$

式中,$T_{p,s}$ 为熔点;Δh_{fus} 为微颗粒的发生固-液或液-固相变的潜热;t 表示发生相变需要的时间。当发生固-液相变时,必须有 $T_{p,s} < T_\infty$;当发生液-固相变时,必须有 $T_{p,s} > T_\infty$。

当微颗粒熔点 $T_{p,s} < T_\infty$ 时,如果其初始状态为固态,则 $T_{p,0} < T_{p,s}$,在这种情况下,微颗粒首先被加热,直至温度变为 $T_{p,s}$,随后发生相变,最后继续被加热。这个过程实际上就是部分微颗粒进入燃烧室后经过的换热过程,当微颗粒离开燃烧室后,部分熔融态微颗粒还可能经历从熔融态变为固态的过程。微颗粒是否为固态或熔融态,对其后续的沉积有着重要的影响,因此,其温度变化以及相变的时间

是个重要的因素。假设考察的整个过程微颗粒有相变发生,则相变发生前的时间 t_1 满足方程(2-61),相变过程的时间 t_2 满足方程(2-62),即

$$t_1 = \frac{\rho_p c_p V_p}{h_p A_p} \ln\left(\frac{T_{p,0} - T_\infty}{T_{p,s} - T_\infty}\right), \; t_2 = \frac{\rho_p V_p \Delta h_{\mathrm{fus}}}{h_p A_p \mid T_{p,s} - T_\infty \mid} \qquad (2-63\mathrm{a})$$

为了对比 t_1、t_2 和流动特征时间关系,选取流动速度 v 作为特征速度,选取 l 作为特征长度(例如可以选取涡轮叶片弦长、燃烧室长度等),则可以定义一无量纲数——热缩放系数(thermal scaling parameter, TSP)[29]:

$$\mathrm{TSP} = \frac{t_1 + t_2}{l/v} = \frac{(t_1 + t_2)v}{l} \qquad (2-64)$$

利用 TSP 可以初步判断一个微颗粒的状态。例如,当微颗粒初始状态为固态,当 TSP < 1 时,表明微颗粒在运动 l 后通过相变完全变成熔融态;当 TSP > 1 时,则微颗粒保持固态。对于微颗粒初始状态时熔融态的情况,也可以得到类似结论。实验上 TSP 是个非常重要的参数,它决定了模拟真实情况的程度。例如,如果真实情况下是熔融态(例如 TSP < 1)微颗粒撞击涡轮叶片,但是实验上如果是固态(例如 TSP > 1)微颗粒撞击实验件,则实验结果可能无法反映真实情况。

由于 V_p/A_p 的量级为微颗粒直径 d_p,从式(2-63a)可以发现,t_1 和 t_2 均与 d_p 成正比例。特别地,对于球形颗粒,有

$$t_1 = \frac{\rho_p c_p d_p}{6h_p} \ln\left(\frac{T_{p,0} - T_\infty}{T_{p,s} - T_\infty}\right), \; t_2 = \frac{\rho_p d_p \Delta h_{\mathrm{fus}}}{6h_p \mid T_{p,s} - T_\infty \mid} \qquad (2-63\mathrm{b})$$

也就是说,对于直径较小的微颗粒,其温度变化和相变时间要比直径较大的微颗粒要小,这一点对于分析微颗粒沉积十分重要。

2.1.2 微颗粒与结构表面的相互作用

微颗粒经过压气机后,进入燃烧室被加热后,部分会随着发动机主流进入涡轮通道,从而可能与涡轮叶片发生碰撞,发生碰撞后微颗粒的物理过程取决于微颗粒的状态(固态或熔融态)、速度以及其他物性参数。

1. 固态微颗粒与结构表面的相互作用

固态微颗粒与结构表面的相互作用一般情况下较为复杂。图 2-7 是一个球形微颗粒与结构表面的相互作用过程。微颗粒以初始速度 $\boldsymbol{v}_{p,i}$ 撞击结构表面,一般情况下,微颗粒还具有初始的旋转速度 $\boldsymbol{\omega}_{p,i}$;当微颗粒接触到结构表面后,会发生变形,同时,还可能滑动以及滚动,然后微颗粒恢复原来形状,可能反弹离开结构

表面。为了方便,把整个碰撞过程分为两个子过程,把微颗粒在接触到结构表面直至动能变为零的过程称为接触过程,把后续微颗粒动能由零增大直至反弹离开结构表面过程称为反弹过程。在微颗粒与结构表面碰撞的过程中,有黏附力会作用在微颗粒上,这就导致在某些条件下,微颗粒没有足够的动能或者速度反弹离开结构表面,从而黏附在结构表面。在高温高压环境中,这些黏附在结构表面的微颗粒经过复杂的物理和化学过程,固化在结构表面。但是,黏附或者固化在结构表面的微颗粒也可能在流动的作用下,重新被带入到流场中。最后,需要说明的是,微颗粒撞击结构表面后可能会破裂,然后其一部分会反弹离开结构表面,另一部分会被黏附在结构表面。显然,这一过程是很复杂的过程,很多细节难以定量描述,例如,目前还难以建立沉积在结构表面的微颗粒被剥离的数学模型。采用数值方法可以较完整地模拟微颗粒与结构表面相互作用的过程,但是,对于整个微颗粒沉积过程的数值模拟而言,这种方法计算量是很大的。因此,有必要建立一个简单的数学模型来预测微颗粒的反弹特性。

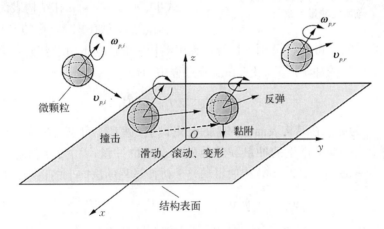

图 2-7　固态微颗粒与结构表面的相互作用过程

微颗粒撞击结构表面后,如果其动能能够恢复到初始动能,则其反弹并离开结构表面。在实际情况中,撞击一般会伴随着动能的损失,主要包括与微颗粒变形(如滞回、黏性以及塑性变形等)相关的动能损失以及结构表面黏附(称为黏附功),而后者与微颗粒和结构表面碰撞过程中形成的表面能损失有关[30]。

1) 碰撞基本方程

为了能够建立一个能用来预测微颗粒沉积的简单数学模型,也为了能够较为清楚地描述微颗粒与壁面相互作用的主要特征,需要对两者的相互作用进行一些简化。在微颗粒沉积研究中,常用的模型之一是 Brach 和 Dunn 建立的反弹模型[30],在该模型中:① 微颗粒为球形;② 仅考虑其旋转方向与其初始速度方向和结构表面法向均垂直的情况,从而可以将碰撞问题简化为一个平面问题;③ 假定与材料变形相关的动能损失过程和与黏附相关的动能损失过程独立,且假定后者仅发生在微颗粒与结构表面碰撞后的反弹过程。

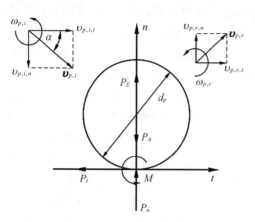

图 2-8   微颗粒与结构表面碰撞中
所受冲量示意图

建立如图 2-8 所示的坐标系,n 和 t 分别表示结构表面的法向和切向,假设一球形微颗粒在接触结构表面的瞬间速度为 $\boldsymbol{v}_{p,i}$,在反弹过程结束后即将离开结构表面时(注意此时假设)的速度为 $\boldsymbol{v}_{p,r}$。在接触过程中,基于上述假设③,并根据冲量定理,在结构表面法向上有

$$- m_p v_{p,i,n} = P_{D,a} + P_{E,a} \tag{2-65}$$

式中,$v_{p,i,n}$ 为 $\boldsymbol{v}_{p,i}$ 在结构表面法向上的分量(注意在图 2-8 的坐标系中,$v_{p,i,n} < 0$);$P_{D,a}$ 和 $P_{E,a}$ 分别为接触过程中结构表面法向上由于变形产生的冲量和其他外力产生的冲量。类似地,在反弹过程中,有

$$m_p v_{p,r,n} = P_{D,r} + P_{E,r} + P_A \tag{2-66}$$

式中,$v_{p,r,n}$ 为 $\boldsymbol{v}_{p,r}$ 在结构表面法向上的分量;$P_{D,r}$ 和 $P_{E,r}$ 分别为反弹过程中结构表面法向上由于变形产生的冲量和其他外力产生的冲量;P_A 为与黏附相关的冲量。将式(2-65)和式(2-66)相加得到整个碰撞过程的法向上的运动方程:

$$m_p v_{p,r,n} - m_p v_{p,i,n} = P_D + P_E + P_A = P_n \tag{2-67}$$

式中,$P_D = P_{D,a} + P_{D,r}$,$P_E = P_{E,a} + P_{E,r}$,它们分别是整个碰撞过程中由于微颗粒变形产生的冲量和其他力产生的冲量。

对于整个碰撞过程,在切向上有

$$m_p v_{p,r,t} - m_p v_{p,i,t} = P_t \tag{2-68}$$

式中,$v_{p,i,t}$ 和 $v_{p,r,t}$ 分别为 $\boldsymbol{v}_{p,i}$ 和 $\boldsymbol{v}_{p,r}$ 在切向上的分量;P_t 为整个碰撞过程中切向力产生的冲量。

根据角动量定理,则有

$$I_p(\omega_{p,r} - \omega_{p,i}) = M + P_t d_p/2 \tag{2-69}$$

式中,I_p 为微颗粒的转动惯量;$\omega_{p,r}$ 和 $\omega_{p,i}$ 分别为微颗粒反弹角速度和初始角速度;M 为表面力矩冲量。

定义恢复系数为

$$R = \frac{P_{D,r}}{P_{D,a}} \qquad (2-70)$$

根据方程(2-65)和方程(2-66),恢复系数实际上为没有外力以及黏附作用情况下的反弹法向速度和入射法向速度的比值。定义冲量系数为

$$\zeta = -\frac{P_t}{P_n} \qquad (2-71)$$

在图2-8中的坐标系中,由于 $P_t \leqslant 0$, 因此 $\zeta \geqslant 0$。 还可以定义力矩系数:

$$\frac{e_m M}{I_p} = (1 + e_m)\omega_{p,r} \qquad (2-72)$$

当 $e_m = 0$ 时,则必有 $\omega_{p,r} = 0$; 当 $e_m = -1$ 时,则 $M = 0$。

　　理论上,如果已知微颗粒初始速度、外力产生的冲量、黏附产生的冲量以及式(2-70)~式(2-72)定义的系数,则可以通过求解式(2-65)~式(2-69)获得微颗粒的反弹速度。式(2-70)~式(2-72)定义的系数可以通过实验获得,因此,在不考虑外力的情况下,如果能够得到 P_A, 则可以获得微颗粒的反弹特性。为了获得 P_A, 需要建立其与黏附功的关系,而黏附功可以基于 Hertzian 接触理论进行计算。

　　一个力的冲量所做的功为其与平均速度的乘积。则法向力的冲量所做的功为

$$W_n = \frac{P_n(v_{p,i,n} + v_{p,r,n})}{2} \qquad (2-73)$$

由式(2-65)、式(2-66)以及式(2-70)可以得到:

$$v_{p,r,n} = -Rv_{p,i,n} + \frac{P_A}{m_p} + \frac{P_{E,r} - RP_{E,a}}{m_p} \qquad (2-74a)$$

不考虑外力产生的冲量,则式(2-74a)变为

$$v_{p,r,n} = -Rv_{p,i,n} + \frac{P_A}{m_p} \qquad (2-74b)$$

将式(2-74b)代入式(2-73),并考虑到式(2-67),则可以得到:

$$W_n = -\frac{1}{2}(1 - R^2)v_{p,i,n}^2 + \frac{P_A^2}{2m_p} - Rv_{p,i,n}P_A \qquad (2-75)$$

由于恢复系数为没有外力以及黏附作用情况下的反弹法向速度和入射法向速度的比值,式(2-75)等号右边第一项是整个碰撞过程中微颗粒变形导致的动能损失,而后面两项是和黏附作用相关的黏附功 W_A(注意 $W_A \leqslant 0$)。P_A 与 W_A 的关系式为

$$P_A = m_p R v_{p,i,n}\left(1 - \sqrt{1 + \frac{2W_A}{R^2 m_p v_{p,i,n}^2}}\right) \qquad (2-76)$$

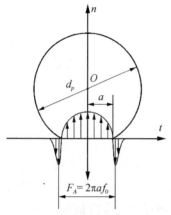

图 2-9 微颗粒与结构表面接触
时的黏附力和黏附功

2)黏附功

当微颗粒与结构表面接触时,在接触面存在一个微弱的吸引力,这使得在两者的接触面内部,接触面承受的是压力,而在接触面外面边界附近表现为一个张力[31,32],该张力的合力即为黏附力 F_A[30]($F_A = 2\pi a f_0$,如图 2-9 所示),在微颗粒反弹时会对微颗粒做黏附功 W_A[30]。两个球体的接触面的面积以及接触面内部的压力分布可以根据 Hertzian 接触理论[33]进行计算。根据 Hertzian 接触理论,两个球体接触面的半径为

$$a = \left(\frac{3\pi}{4}\right)^{1/3}\left[\frac{F(k_1 + k_2)r_1 r_2}{r_1 + r_2}\right]^{1/3} \qquad (2-77)$$

以及由于接触形变后两个球体的球心距离减少量为

$$\delta = \left(\frac{3\pi}{4}\right)^{2/3}\left[\frac{F^2(k_1 + k_2)^2(r_1 + r_2)}{r_1 r_2}\right]^{1/3} \qquad (2-78)$$

式中,r_1 和 r_2 分别为两个球体的半径;F 为施加在球体上的载荷(或者力);$k_i = (1 - v_i^2)/(\pi E_i)$($i = 1, 2$),此处的 E_i 和 v_i 分别为两个球体的杨氏模量和泊松比。根据式(2-77)和式(2-78),显然有

$$\frac{\delta}{a^2} = \frac{r_1 + r_2}{r_1 r_2} \qquad (2-79)$$

同时,基于式(2-78)可以建立两个球体碰撞时的运动方程,最终可以根据方程(2-77)获得两者碰撞后的最大接触面的面积为[33]

$$a_m = \left[\frac{15\pi v_{12}^2(k_1 + k_2)}{16}\left(\frac{m_1 m_2}{m_1 + m_2}\right)\left(\frac{r_1 r_2}{r_1 + r_2}\right)^2\right]^{1/5} \qquad (2-80)$$

式中,v_{12} 为两个球体碰撞前的相对速度。

对于微颗粒与结构表面相碰撞的情况,令 $m_p = m_1$, $d_p = 2r_1$, m_2 和 r_2 为结构体质量和表面曲率半径,且 $m_2 \gg m_1$, $r_2 \gg r_1$, $v_{p,i,n}^2 = v_{12}^2$,则式(2-79)和式(2-80)可以变为

$$\delta = \frac{2a^2}{d_p} \tag{2-81}$$

$$a_m = \left[\frac{15\pi v_{p,i,n}^2 (k_p + k_s) m_p d_p^2}{64} \right]^{1/5} \tag{2-82}$$

式中,$k_p = k_1$ 以及 $k_s = k_2$ 分别是利用微颗粒和结构的杨氏模量和泊松比计算的数值。因此黏附功为

$$W_A = \int_0^{\delta_m} - F_A \mathrm{d}\delta = \int_0^{a_m} - \frac{8\pi a^2 f_0}{d_p} \mathrm{d}a = - \frac{8\pi a_m^3 f_0}{3 d_p} = - \frac{4 F_{A,m} a_m^2}{3 d_p} \tag{2-83}$$

式中,δ_m 为微颗粒接触结构表面后,其重心在结构表面法向的最大位移量;δ_m 和 a_m 满足式(2-81);$F_{A,m}$ 为微颗粒与结构接触结束后的黏附力,这里为了方便规定黏附力向下为正。Johnson 等[32]给出了两个球体接触时的表面能 $\gamma \pi a_m^2$(其中 γ 为单位面积表面能),而黏附功可以看成是表面能的减少量,即

$$W_A = - \gamma \pi a_m^2 = - \gamma \left[\frac{5\pi^{9/2} (k_p + k_s) \rho_p}{128} \right]^{2/5} |v_{p,i,n}|^{4/5} d_p^2 \tag{2-84}$$

Brach 和 Dunn[30]通过拟合实验数据得到单位面积表面能计算公式为

$$\gamma = 0.34 |v_{p,i,n}|^{1/2} \tag{2-85}$$

3) 反弹临界速度

利用式(2-74b)和式(2-76),可以得到微颗粒反弹法向速度为

$$v_{p,r,n} = - R v_{p,i,n} \sqrt{1 + \frac{2 W_A}{R^2 m_p v_{p,i,n}^2}} \tag{2-86}$$

进一步可以得到反弹切向速度和反弹角速度为

$$v_{p,r,t} = v_{p,i,t} - \zeta v_{p,i,n} \left[1 + R \left(1 + \frac{2 W_A}{R^2 m_p v_{p,i,n}^2} \right)^{1/2} \right] \tag{2-87}$$

$$\omega_{p,r} = - e_m \omega_{p,i} - e_m \zeta \left(1 + R \sqrt{1 + \frac{2 W_A}{R^2 m_p v_{p,i,n}^2}} \right) \frac{m_p d_p v_{p,i,n}}{2 I_p} \tag{2-88}$$

所以如果能够知道微颗粒的初始运动状态、R、ζ、e_m 以及黏附功,就可以通过式 (2-86) ~ 式(2-88)获得微颗粒的反弹特性。

对于微颗粒的沉积问题,通常关注微颗粒与结构表面接触后能否再次反弹离开结构表面。考虑最常见的一种情况,即冲量系数 ζ 足够大,以至于微颗粒反弹的切向速度总能为 0,则根据式(2-86),同时考虑到恢复系数 R 一般大于 0,可以立即得到法向临界速度大小 $v_{p,n,c}$ 为

$$v_{p,n,c} = \sqrt{-\frac{2W_A}{R^2 m_p}} \qquad (2-89)$$

将式(2-84)代入式(2-89),并考虑到式(2-86),则有

$$v_{p,n,c} = \left(\frac{2H}{R^2 d_p}\right)^{10/7} \qquad (2-90)$$

式中,

$$H = 0.51\left[\frac{5\pi^2(k_p + k_s)}{4\rho_p^{3/2}}\right]^{2/5} \qquad (2-91)$$

当 $|v_{p,i,n}| < v_{p,n,c}$ 时,则微颗粒将沉积在结构表面;反之,则反弹离开结构表面。需要注意的是,式(2-90)虽然没有显式地反映温度对法向临界速度(从而对沉积)的影响,但是 H 与微颗粒和结构的杨氏模量相关,而杨氏模量又受到温度的影响,因此,式(2-90)实际上包含了温度对法向临界速度以及微颗粒沉积的影响。为了采用式(2-90)判断微颗粒的碰撞特性,还需要预先知道恢复系数 R。 Brach 和 Dunn[30] 根据实验结果拟合出了一个关于恢复系数的经验方法:

$$R = \frac{b}{(b + |v_{p,i,n}|^p)} \qquad (2-92)$$

式中,$b = 45.3$;$p = 0.718$。 为了获得法向临界速度 $v_{p,n,c}$,必须将式(2-92)代入式(2-90),然后求解非线性方程。图 2-10 给出了不同微颗粒(物性参数来源于文献[30])粒径的 $v_{p,n,c}$ 精确值以及利用 $R = 0.95$、1.0 获得的 $v_{p,n,c}$,从图中可以发现,在粒径为 2~10 μm 时,恢复系数对于法向临界速度影响较小,因此在一般应用中,为了方便经常令 $R = 1.0$[34]。

从图 2-10 可以看出,随着粒径的增大,法向临界速度变小,这意味着在同样的入射条件下,小粒径微颗粒更容易沉积在结构表面。但是,由于法向临界速度与微颗粒和结构的杨氏模量有关,而杨氏模量又与温度相关,因此,在考虑传热的影响和不同入射速度的情况下,大粒径微颗粒可能会变得容易沉积。

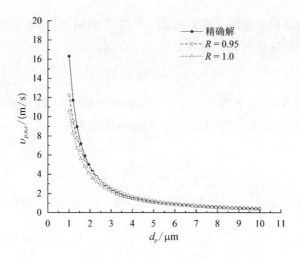

图 2 - 10　法向临界速度随不同微颗粒粒径的变化

4）微颗粒的剥离

当微颗粒黏附在结构表面时,还会受到流动对其作用的力(图 2 - 11),因此其还可能被剥离再次离开结构表面。微颗粒从结构表面被剥离的形式主要为滚动、滑动,以及上浮,Soltani 和 Ahmadi[35]发现对于球形颗粒而言,相对于后两者来说,滚动是一种更为常见的剥离形式。本节主要讨论滚动剥离形式[34]。

采用 2.1.1 节中典型燃气参数,并以涡轮叶片弦长典型值 0.05 m 作为参考长度,相应的雷诺数约为 10^6,可以利用 1/7 律速度分布[36]计算出涡轮叶片表面的湍流边界层厚度约为 1 mm,而微颗粒直径一般为 50 μm,于是黏附在结构表面的微颗粒一般位于边界层内部。在边界层内部,流动平均速度分布为[37]

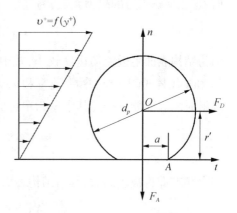

$$v^+ = f(y^+) \qquad (2-93)$$

式中,

$$v^+ = \frac{v}{v_\tau}, \quad y^+ = \frac{v_\tau y}{\nu} \qquad (2-94)$$

图 2 - 11　微颗粒剥离时的受力图

式中,v 为流动的平均切向速度;y 为法向距离;v_τ 为摩擦速度,定义为 $v_\tau = \sqrt{\tau_w/\rho}$($\tau_w$ 为结构表面的分子黏性应力,ρ 为流体密度);ν 为流体的运动黏性系数。在最接近结构表面的黏性底层,$f(y^+) = y^+$。

如图 2 - 11 所示,微颗粒黏附时,其与结构表面接触面的半径为 a,设 F_D 为流

动施加给黏附在结构表面的微颗粒的阻力，F_A 为黏附力，这里忽略微颗粒所受到的浮力。则微颗粒发生滚动的条件为

$$F_D r' - F_A a \geqslant 0 \qquad (2-95\text{a})$$

这里为了方便认为 F_A 向下为正。由于接触面的面积较小，即 $a \ll d_p/2$，可以通过几何关系可知 $r' \approx d_p/2$，所以方程(2-95a)可以变为

$$F_D \frac{d_p}{2} \geqslant F_A a \qquad (2-95\text{b})$$

式中的阻力可以根据式(2-8)给出，由于微颗粒与结构表面接触，需要修正阻力的计算公式，即

$$F_D = \frac{1}{8} C_{D,w} \rho v_o^2 \pi d_p^2 \qquad (2-96)$$

式中，v_o 为微颗粒中心高度处的切向流动速度，根据方程(2-93)和方程(2-94)，并采用黏性底层速度分布，可得

$$v_o = \frac{\rho d_p v_\tau^2}{2\mu} \qquad (2-97)$$

而 $C_{D,w}$ 是修正后的阻力系数，为[35]

$$C_{D,w} = 1.7 C_D \qquad (2-98)$$

因为结构表面附近流动速度较小，式中 C_D 为低雷诺数阻力系数[式(2-9)]。用 F_A 和 a 代替式(2-83)中的 $F_{A,m}$ 和 a_m，并令 $-W_A$ 为 Johnson 等[32]给出的两个球体接触时的表面能 $\gamma \pi a^2$（其中 γ 为单位面积的表面能），则可以得到黏附力为

$$F_A = \frac{3}{4} \pi \gamma d_p \qquad (2-99)$$

当微颗粒即将被剥离时，其与结构表面的接触面半径为[32,35]

$$a = \frac{1}{2} [9\pi^2 \gamma d_p^2 (k_p + k_s)]^{1/3} \qquad (2-100)$$

需要注意的是，单位面积的表面能与式(2-85)是有区别的，前者是剥离时的单位面积的表面能，后者是指接触结束后的单位面积表面能（与入射速度有关）。

将式(2-96)~式(2-100)代入式(2-95b)，最后可以得到微颗粒剥离的条件为

$$v_\tau \geqslant v_{\tau,c} = 0.766\,9 \times \left(\frac{\gamma}{\rho d_p} \right)^{1/2} \left[\frac{9\pi^2 \gamma (k_p + k_s)}{8 d_p} \right]^{1/6} \qquad (2-101)$$

式中,$v_{\tau,c}$ 为临界摩擦速度。图 2 - 12 给出了不同微颗粒粒径对应的临界摩擦速度(其中微颗粒和结构参数来源于文献[34],即 $E_p = E_s = 1.84 \times 10^{10}\,\text{Pa}$, $\nu_p = \nu_s = 0.27$, $\gamma = 0.039\,\text{J/m}^2$, 取流体密度 $\rho = 1.225\,\text{kg/m}^3$), 可以看出随着粒径的增加,临界摩擦速度快速减少,这说明在同样的情况下,大粒径微颗粒更容易被剥离。但是,这里仍然未考虑温度对杨氏模量的影响。由于粒径会对微颗粒的传热有影响,从而对其在结构表面时的温度有影响,所以当考虑换热后,在沉积问题中,粒径对临界摩擦速度可能就与图 2 - 12 中所展示的不同。

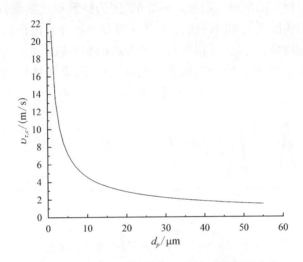

图 2 - 12　临界摩擦速度随不同微颗粒粒径的变化

一般在进行数值计算时,将反弹和剥离看作是两个过程,即利用临界法向速度判断微颗粒是否反弹,假如其黏附在结构表面,则继续利用临界摩擦速度判断其是否剥离,如果微颗粒没有剥离,则其沉积在结构表面。这样的处理方法获得了较为精确的计算结果[34,38-40]。但是实际上,微颗粒反弹和剥离效应是同时存在的,而且还伴随着滑动和上浮造成的剥离,最近 Bons 等[41] 和 Yu 等[42] 同时考虑微颗粒塑性变形造成的能量损失和剥离效应建立了微颗粒与结构表面的反弹模型,有兴趣的读者可以参考。

2. 熔融态微颗粒与结构表面的相互作用

1) 微颗粒在高温条件下的形态变化

沉积在涡轮叶片表面的微颗粒要经过发动机燃烧室的加热,粒径较小的微颗粒或者经过燃烧室核心区的微颗粒被加热后可能会软化或变成熔融态。图 2 - 13 给出了煤和焦炭灰不同特征温度的定义方法[43]。在初始温度时,煤和焦炭灰具有三棱锥形状,当温度为开始变形温度(initial deformation temperature, IT)时,煤和焦炭灰开始变形;当温度为软化温度(softening temperature, ST)时,其形状开始向球体转变；当温度为半球体温度（hemispherical temperature，HT）时，其形状变为一个半球体；当温度继续升高到流体温度（fluid temperature，FT）时，则煤和焦炭灰具有较好的流动性，并且铺展开。这里的软化温度是一个非常重要的量，决定着微颗粒沉积的特性。对于不同阶段及其对应温度可能有不同的定义方法，但基本上类似[44]。具有不同化学成分或者不同化学成分比例的微颗粒，上述的特征温度也不相同，导致微颗粒沉积特性也不同，后期采用的防沉积方法也会不同，因此，获得微颗粒化学成分和其流变特性对于沉积问题至关重要。这一点对于固态颗粒的沉积问题也是一样的，因为微颗粒化学成分及其比例影响着其不同温度的杨氏模量和泊松比，从而决定其反弹特性。但是，实际中微颗粒的化学成分及其比例是多样的，获得常见的微颗粒的相关数据是一个工作量较大的工作。如何建立一个工程能用于沉积问题的相关物质属性模型是一个重要的问题。

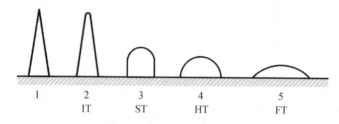

图 2-13　煤和焦炭灰不同特征温度的形态

2）液态微颗粒与结构表面相互作用的一般规律

在航空发动机涡轮叶片表面沉积问题中，微颗粒一般具有高熔点，目前针对这类熔融态的微颗粒与壁面碰撞的研究较少，作为分析的参考依据，下面简要介绍一般液态微颗粒（如水滴、乙醇液滴等）与结构表面相互作用特性。当液态微颗粒（一般为球形）与结构表面发生碰撞后，在不同条件下，会呈现出不同现象[45]，如图 2-14 所示：（a）黏附（stick，有很多文献称为沉积），即微颗粒以近似于球形的形状黏附在结构表面；（b）反弹；（c）铺展；（d）由沸腾导致的破碎；（e）反弹并破碎；（f）破碎；（g）飞溅。影响微颗粒与结构表面碰撞特性的微颗粒入射角度 θ_i[图 2-14（b）]、入射速度或法向速度 $v_{p,i,n}$、粒径 d_p、表面张力系数 σ、黏性系数 μ_p，结构表面温度 T_w，结构表面粗糙度 r_s 以及结构表面微颗粒碰撞后形成的液膜厚度 h_{film} 等，它们会组合成一些无量纲数，如韦伯数 We、拉普拉斯数 La、奥内佐格数 Oh[式（2-2a）]，以及雷诺数 Re：

$$We = \frac{\rho_p v_{p,i,n}^2 d_p}{\sigma}, \ La = \frac{\rho_p d_p \sigma}{\mu_p^2} = \frac{1}{Oh^2}, \ Re = \frac{\rho_p v_{p,i,n} d_p}{\mu_p} \qquad (2-102)$$

韦伯数表征了微颗粒撞击的动能与表面能的比值,韦伯数越大,表明相对于微颗粒表面能,其动能越大。而拉普拉斯数表征了微颗粒表面张力与其黏性力的比值。很明显 $Oh = \sqrt{We/Re}$。液态微颗粒与结构表面碰撞后还有更加丰富细致的现象,如冠状溅射、收缩溅射、部分反弹等现象[46]。但对于微颗粒沉积问题而言,判断其是否黏附或铺展是更加重要的问题。

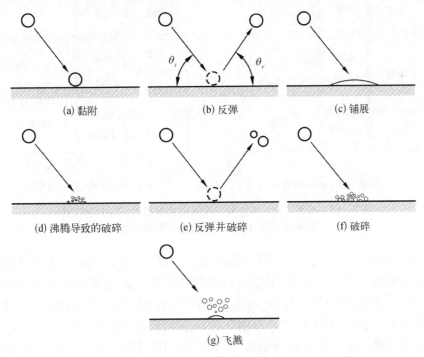

(a) 黏附　　(b) 反弹　　(c) 铺展

(d) 沸腾导致的破碎　　(e) 反弹并破碎　　(f) 破碎

(g) 飞溅

图 2-14　熔融态(液态)与结构表面碰撞后的不同形态[44]

Bai 和 Gosman[45] 总结出了拉普拉斯数和结构表面粗糙度一定时,具有不同韦伯数的微颗粒撞击不同温度的结构表面时可能发生的现象,如图 2-15(a) 所示,其中,T_B 为微颗粒的沸点;T_{PA} 为纯黏附温度(T_W 低于该温度时,低动能的微颗粒一定黏附在结构表面);T_N 为 Nakayama 温度(T_W 为该温度时,微颗粒汽化速率最大);T_{PR} 为纯反弹温度(T_W 高于该温度时,低动能的微颗粒将一定会反弹);T_{Leid} 为 Leidenfrost 温度(T_W 为该温度时,微颗粒汽化速率最小)。Lee 和 Ryu[47] 采用能量法分析,对图 2-15(a) 所划分区域进行了修改,如图 2-15(b) 所示,两者的不同点在于当 $T_W < T_{PA}$ 时,Lee 和 Ryu 认为微颗粒可能会反弹。如图 2-15(b) 所示,当 $T_W < T_{PA}$ 时,随着微颗粒动能(或者韦伯数)的增加,微颗粒与结构表面碰撞后,可能依次会发生黏附、反弹、铺展以及飞溅。当 T_W 在 T_N 附近时,结构表面高温会导致微颗粒快速汽化(注意 T_N 的意义),如果微颗粒动能较小,沸腾则会导致微颗粒

破裂。当 $T_W > T_{PR}$ 时,此时微颗粒的汽化速度较低,如果微颗粒动能较小,从而在微颗粒与结构表面之间会形成一层"气膜",使得微颗粒还有能量反弹远离结构表面。显然,如果微颗粒动能较大,则发生破碎、反弹后的破碎以及飞溅的可能性较大。

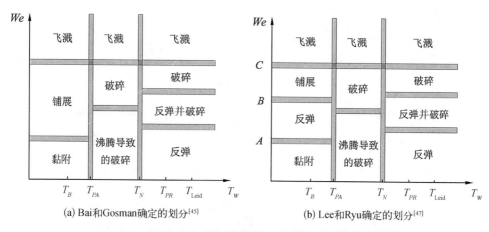

(a) Bai和Gosman确定的划分[45]　　　　　(b) Lee和Ryu确定的划分[47]

图 2-15　固定拉普拉斯数和结构表面粗糙度时,不同韦伯数和
干燥结构表面温度确定的液态微颗粒撞击形态划分

　　Lee 和 Ryu[47] 整理了不同研究者的结果,并列出了图 2-15(b)不同撞击形态的临界韦伯数。注意,在沉积问题中,微颗粒的沸点较高,远高于涡轮叶片的表面温度,因此,可以根据图 2-15(b)推断,微颗粒撞击涡轮叶片后,主要会发生黏附、铺展和飞溅。表 2-1 和表 2-2 分别针对干、湿结构表面给出了图 2-15(b)A、B 和 C 处的判断标准。从表 2-1 和表 2-2 可以看出,不同的铺展/飞溅判断标准有不同的适用范围;对于湿表面,黏附/反弹、反弹/铺展以及铺展/飞溅均有多个判断标准,这是因为建立这些标准所采用的微颗粒属性和粒径、结构表面特征不一样。另外,这些标准对于气流对微颗粒的作用考虑得并不多,因此,这些判断标准不一定适用于微颗粒沉积预测。但是可以将这些标准作为一种定性分析的依据。

表 2-1　不同撞击形态的临界韦伯数($T_W < T_B$,干表面)

序 号	特 性	判断标准(干表面)	说 明
A	黏附/反弹	$We \ll 1$	当微颗粒动能较小时发生
B	反弹/铺展	$We/\sqrt{Re} = \dfrac{3}{4}(1-\cos\alpha)$ 其中,α 为接触角	由能量分析得到

续 表

<table>
<tr><th>序号</th><th>特 性</th><th>判断标准(干表面)</th><th>说 明</th></tr>
<tr><td rowspan="4">C</td><td rowspan="4">铺展/飞溅</td><td>$We_c = A \times La^{-0.18}$
<table><tr><td>r_s/μm</td><td>0.05</td><td>0.84</td><td>12</td></tr><tr><td>A</td><td>5 264</td><td>2 634</td><td>1 322</td></tr></table>r_s:结构表面粗糙度</td><td>$d_p = 3.4$ mm,
$1.5 \times 10^{-5} < r_s/d_p < 3.5 \times 10^{-3}$</td></tr>
<tr><td>$K = 57.7$
其中,$K = We^{0.5}Re^{0.25}$</td><td>60 μm $< d_p <$ 150 μm,
$r_s/d_p = 0.03, 0.86$</td></tr>
<tr><td>$K' = 649 + 3.76(r_s/d_p)^{-0.63}$
其中,$K' = We^{0.8}Re^{0.4}$</td><td>$1.5 \times 10^{-5} < r_s/d_p < 0.86$</td></tr>
<tr><td>$K_f \approx 7$
其中,$K_f = 0.5(v_{\text{flat}}/v_{p,i})^{1.25}Re^{-0.3}K$,
v_{flat} 为铺展速度,$v_{p,i}$ 为微颗粒撞击速度</td><td>微颗粒为镍、铜和铁</td></tr>
</table>

表 2-2 不同撞击形态的临界韦伯数($T_W < T_B$,湿表面)

序号	特 性	判断标准(湿表面)	说 明
A	黏附/反弹	$We_c < 5$	液滴为水滴,表面液膜为水膜,60 μm $< d_p <$ 150 μm
		$We_c \approx 2$	—
B	反弹/铺展	$We_c \approx 5$	液滴为水滴,表面液膜为水膜
		$5 < We_c < 10$	液滴为水滴,表面液膜为水膜,$d_p = 2.8$ mm
		$We_c \approx 20$	考虑了相邻微颗粒产生的影响
C	铺展/飞溅	$We_c = 130$	液滴为水滴或丙酮,液膜为水膜或丙酮膜,$d_p = 3.4$ mm
		$We_c = A \times La^{-0.18}$ 其中,$A = 1\,320$	认为湿表面是极度粗糙的干表面(见表 2-1)
		$We_c = 324d_p(\rho_p/\sigma)^{0.5}\nu_p^{0.25}f^{0.75}$ 其中,$\nu_p = \mu_p/\rho_p$;$f = v_{p,i,n}/d_p$	液滴为水滴或甘油,液膜为水膜或甘油膜,70 μm $< d_p <$ 340 μm
		$K' = 2\,100 + 5\,880 \times \bar{h}_{\text{film}}^{1.44}$ 其中,$\bar{h}_{\text{film}} = h_{\text{film}}/d_p$	液滴为水滴-甘油混合物,液膜为水-甘油混合物,$d_p = 3.07$ μm,$0.1 < \bar{h}_{\text{film}} < 1.0$,$r_s/d_p \approx 5 \times 10^{-5}$

续　表

序号	特　性	判断标准(湿表面)	说　明
C	铺展/飞溅	$We_c = \begin{cases} We_{c,1} \\ We_{c,2} , \\ We_{c,3} \end{cases}$ 其中，$We_{c,1} = 450(\bar{h}_{film} \leqslant 0.1)$； $We_{c,2} = 1\,375.7\bar{h}_{film} + 340$ $(0.1 < \bar{h}_{film} \leqslant 1.0)$； $We_{c,3} = 1\,043 + 232.6 \times \bar{h}_{film}^{-1}$ $\qquad - 1\,094.4 \times \bar{h}_{film}^{-2}$ $\qquad + 1\,576.4 \times \bar{h}_{film}^{-3}$ $(\bar{h}_{film} > 1.0)$	液滴和液膜均为70%甘油-水溶液

3) 微颗粒沉积的临界黏性模型

如果微颗粒是固态的,可以利用式(2-90)和式(2-101)判断微颗粒是否黏附(沉积)在结构表面,但是对于熔融态或半熔融态微颗粒,需要建立新的沉积模型。可以根据2)中的方法判断一个熔融态微颗粒是否黏附/铺展在结构表面,但2)中建立相关判断标准的微颗粒属性与涡轮叶片表面沉积的微颗粒相差较大,因此,采用这些判断标准作为预测沉积的方法可能会出现较大偏差。另外,在实际中微颗粒的化学成分变化较大,其物性参数变化也可能会较大,而2)中判断微颗粒黏附的标准涉及的材料属性较多,在数值计算中应用不方便。

Sreedharan 和 Tafti[48]提出了一种临界黏性(critical viscosity)模型,用于预测高温微颗粒的沉积。该模型的数学表达式为

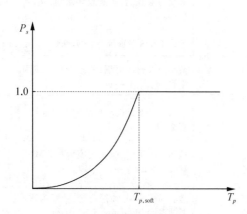

图 2-16　微颗粒黏附概率与
其温度关系示意图

$$P_s(T_p) = \begin{cases} \dfrac{\mu_{crit}}{\mu_p}, & T_p < T_{p,soft} \\ 1, & T_p \geqslant T_{p,soft} \end{cases}$$

$$(2-103)$$

式中,P_s 为微颗粒黏附在结构表面上的概率；μ_p 和 μ_{crit} 分别为微颗粒的黏性系数和临界黏性系数；$T_{p,soft}$ 为微颗粒的软化温度。临界黏性系数 μ_{crit} 就是软化温度条件下的黏性系数,$\mu_p = \mu_p(T_p)$ 是微颗粒温度的函数,因此 P_s 为微颗粒温度 T_p 的函数。微颗粒温度越高,其黏性越小,于是黏附

概率 P_s 与微颗粒温度 T_p 的关系如图 2 - 16 所示,即当微颗粒温度低于其软化温度时,微颗粒黏附概率随着温度的增加而增加;从中可以推测,存在一个温度,当燃气温度大于该温度时,微颗粒的沉积量将会急速增加。

当采用式(2 - 103)对微颗粒沉积进行预测时,需要确定微颗粒在不同温度下的黏性系数。在微颗粒沉积预测中,经常采用 Senior 和 Srinivasachar[49] 建立的模型计算微颗粒的黏性系数,即

$$\lg\left(\frac{\mu_p}{T_p}\right) = A + \frac{B}{T_p} \tag{2 - 104}$$

式中,μ_p 和 T_p 的单位分别为 Pa · s 和 K;A 和 B 为两个系数,并且由微颗粒的化学成分决定。Senior 和 Srinivasachar[49] 根据多种化合物给出 A 和 B 的计算方法。为了计算 A 和 B,需要计算一个量 NBO/T(non-bridging oxygen to tetrahedral oxygen):

$$\frac{\text{NBO}}{\text{T}} = \left\{ \frac{\text{CaO} + \text{MgO} + \text{FeO} + \text{Na}_2\text{O} + \text{K}_2\text{O} - \text{Al}_2\text{O}_3 - \text{FeO}_3}{(\text{SiO}_2 + \text{TiO}_2)/2 + \text{Al}_2\text{O}_3 + \text{Fe}_2\text{O}_3} \right\}$$
$$\tag{2 - 105}$$

式中的各个物质的分子式(如 CaO 等)表示相应的摩尔分数。系数 A 和 B 由方程(2 - 106)给出:

$$\begin{cases} A = a_0 + a_1 B + a_2 \left(\frac{\text{NBO}}{\text{T}}\right) \\ B = b_0 + b_1\alpha + b_2\alpha^2 + (b_3 + b_4\alpha + b_5\alpha^2)N + (b_6 + b_7\alpha + b_8\alpha^2)N^2 \\ \quad + (b_9 + b_{10}\alpha + b_{11}\alpha^2)N^3 \end{cases}$$
$$\tag{2 - 106}$$

式中,N 是二氧化硅(SiO_2)在微颗粒成分中的摩尔分数,α 为

$$\alpha = \frac{\text{CaO}}{\text{CaO} + \text{Al}_2\text{O}_3} \tag{2 - 107}$$

系数 $a_i(i = 0, 1, 2)$ 和 $b_i(i = 0, 1, \cdots, 11)$ 由表 2 - 3 和表 2 - 4 给出。需要注意的是,表 2 - 3 和表 2 - 4 给出了高温和低温情况的系数[50],在使用这些系数进行计算时,首先分别利用高温和低温系数计算出 $\mu_{p, H}$ 和 $\mu_{p, L}$,取最终的黏性系数为 $\mu_p = \max\{\mu_{p, H}, \mu_{p, L}\}$。

表 2-3　方程(2-106)中的系数 a_i

系数	高温	低温			
		NBO/T ≥ 1.3	0.2 ≤ NBO/T < 1.3	0.0 ≤ NBO/T < 0.2	NBO/T < 0.0
a_0	-3.816 29	-1.982	1.478 718	8.223	8.223
a_1	-0.463 41	-0.902 473	-0.902 473	-0.902 473	-0.902 473
a_2	-0.353 42	0.0	-2.662 091	-36.383 5	0.0

表 2-4　方程(2-106)中的系数 b_i

系数	高温	低温	系数	高温	低温
b_0	-224.98	-7 563.46	b_6	-957.94	-46 484.80
b_1	636.67	24 431.69	b_7	3 366.61	146 008.4
b_2	-418.70	-17 685.40	b_8	-2 551.71	-104 306.00
b_3	823.89	32 644.26	b_9	387.32	21 904.63
b_4	-2 398.32	-103 681.00	b_{10}	-1 722.24	-68 194.80
b_5	1 650.56	74 541.33	b_{11}	1 432.08	48 429.31

　　当采用式(2-103)进行沉积计算时,还需要知道微颗粒的软化温度 $T_{p,\,soft}$,然后再采用式(2-106)计算临界黏性系数 μ_{crit}。表 2-5 给出了常用的计算不同化学成分的微颗粒软化温度的方法[51,52]。注意表 2-5 中的各个成分的化学分子式表示其质量分数(数值上为百分比的分子)。需要指出的是,由于微颗粒化学成分的复杂性,表 2-5 中所列计算方法可能会存在较大误差,因此可以利用基于神经网络的机器学习对微颗粒的软化温度进行预测[52]。

表 2-5　不同化学成分的微颗粒软化温度计算方法

化学成分及质量分数 $w/\%$	$T_{p,\,soft}/{}^\circ\!C$
$w_{SiO_2} \leqslant 60$，$w_{Al_2O_3} > 30$	$69.94 \cdot w_{SiO_2} + 71.01 \cdot w_{Al_2O_3} + 65.23 \cdot w_{Fe_2O_3} + 12.16 \cdot w_{CaO} + 68.31 \cdot w_{MgO} + 67.19 \cdot a - 5\,485.7$
$w_{SiO_2} \leqslant 60$，$w_{Al_2O_3} \leqslant 30$，$w_{Fe_2O_3} \leqslant 15$	$92.55 \cdot w_{SiO_2} + 97.83 \cdot w_{Al_2O_3} + 84.52 \cdot w_{Fe_2O_3} + 83.67 \cdot w_{CaO} + 81.04 \cdot w_{MgO} + 91.92 \cdot a - 7\,891.0$

续　表

化学成分及质量分数 $w/\%$	$T_{p,\text{soft}}/℃$
$w_{\text{SiO}_2}\leqslant 60, w_{\text{Al}_2\text{O}_3}\leqslant 30, w_{\text{Fe}_2\text{O}_3}>15$	$-3.01\cdot w_{\text{SiO}_2}+5.08\cdot w_{\text{Al}_2\text{O}_3}-8.02\cdot w_{\text{Fe}_2\text{O}_3}-9.69\cdot w_{\text{CaO}}$ $-5.86\cdot w_{\text{MgO}}-3.99\cdot a+1\,531$
$w_{\text{SiO}_2}>60$	$10.75\cdot w_{\text{SiO}_2}+13.03\cdot w_{\text{Al}_2\text{O}_3}-5.28\cdot w_{\text{Fe}_2\text{O}_3}-5.88\cdot w_{\text{CaO}}$ $-10.28\cdot w_{\text{MgO}}+3.75\cdot a+453$

注：$a=100-(w_{\text{SiO}_2}+w_{\text{Al}_2\text{O}_3}+w_{\text{Fe}_2\text{O}_3}+w_{\text{CaO}}+w_{\text{MgO}})$。

为了能够反映微颗粒在固态时的反弹特性，Singh 和 Tafti[53]结合固态沉积模型以及临界黏性模型，提出了一种新的沉积模型，该沉积模型与临界黏性模型类似，仍然是概率型沉积模型。有兴趣的读者可以参考文献[53]。

2.1.3　微颗粒在结构表面的固化

当熔融态微颗粒黏附在结构表面（或者前续微颗粒沉积形成的表面）时，可能会发生相变，由熔融态变成固态，从而固化在结构表面或者形成新的沉积表面。这里参考 Myers 的结冰模型[54]，对熔融态微颗粒的固化模型进行简要说明。如图 2-17 所示，在结构表面上，假设固化后的微颗粒形成的固态层厚度为 H_s，其上有厚度为 H_l 的熔融态层。根据能量守恒定律，可以得到熔融态/固态交界面的能量方程：

$$\rho_p\Delta h_{\text{fus}}\frac{\partial H_s}{\partial t}=k_s\left(\frac{\partial T_s}{\partial z}\right)_{z=H_s}-k_l\left(\frac{\partial T_l}{\partial z}\right)_{z=H_s} \tag{2-108}$$

式中，下标"l"和"s"分别表示熔融态和固态微颗粒参数。考虑到固态层和熔融态层厚度较小，可以分别利用熔融态外表面的热流以及固态层底部的热流代替在交

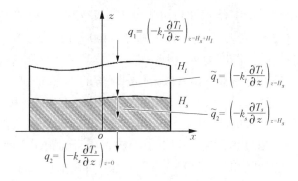

图 2-17　熔融态微颗粒的固化

界面上的热流,方程(2-108)就变为

$$\rho_p \Delta h_{\text{fus}} \frac{\partial H_s}{\partial t} \approx k_s \left(\frac{\partial T_s}{\partial z} \right)_{z=0} - k_l \left(\frac{\partial T_l}{\partial z} \right)_{z=H_s+H_l} \qquad (2-109)$$

如果方程(2-108)[或方程(2-109)]右边的第一项小于第二项,则熔融态微颗粒无法固化,从而有可能在主流剪切力的作用下被重新带入主流。因此,可以预见,当熔融态微颗粒撞击结构表面时,如果主流温度过高,导致方程(2-108)右边第二项数值较大,从而使得微颗粒沉积量减少。

2.2   温度对涡轮叶片表面微颗粒沉积的影响

表征沉积量大小的沉积效率(沉积率或者捕获效率)定义为

$$\beta = \frac{m_{\text{dep}}}{m_{\text{total}}} = \frac{m_{\text{dep}}}{m_{\text{imp}}} \frac{m_{\text{imp}}}{m_{\text{total}}} = \beta_{\text{stick}} \beta_{\text{imp}} \qquad (2-110)$$

式中, m_{dep} 和 m_{total} 分别表示沉积在结构表面的微颗粒质量和投入到主流中的微颗粒总质量; m_{imp} 为撞击在结构表面的微颗粒质量; $\beta_{\text{stick}} = m_{\text{dep}}/m_{\text{imp}}$ 为黏附率,表示撞击结构表面的微颗粒最终黏附并沉积在结构表面的比例或者概率,是微颗粒与结构表面相互作用的特性;而撞击率 $\beta_{\text{imp}} = m_{\text{imp}}/m_{\text{total}}$ 表示能够撞击结构表面占总微颗粒质量的比例,与微颗粒在主流中的运动特性相关。温度主要通过对黏附率的影响来影响微颗粒沉积特性,本节着重分析主流温度和结构表面温度对微颗粒沉积的影响,2.3节将分析微颗粒运动对其沉积的影响。

2.2.1   主流温度对微颗粒沉积的影响

Crosby 等[12]在不同高温条件下实验研究了煤粉颗粒在结构表面的沉积特性,如图2-18所示。图2-18中的沉积效率由式(2-110)定义。从图2-18可以看出,当主流燃气温度低于1150 K时,沉积效率几乎为零;当燃气温度大于1150 K时,沉积效率迅速增大;当燃气温度增大到约1460 K时,微颗粒沉积效率增大到1.78,这一数值约是燃气温度为1240 K时沉积效率的14倍。需要注意的是,图2-18中的微颗粒平均粒径是3 μm,根据 Crosby 等的讨论,即使安装过滤系统也难以避免微颗粒沉积造成的危害,因为3 μm 的微颗粒很难被过滤掉。

Wenglarz 和 Fox[55]的结果与 Crosby 等[12]类似,但是他们用的是水煤浆微颗粒。Wenglarz 和 Fox 在主流的上游和下游都放置了目标靶用于收集微颗粒沉积,上游目标靶前燃气温度(约为1370 K)高于下游目标靶前燃气温度(1250 K),他们同时还能调节目标靶的表面温度。如图2-19所示,他们的结果表明当燃气温度

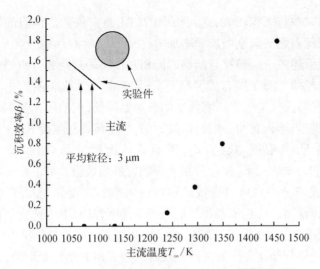

图 2-18　主流(燃气)温度对微颗粒沉积的影响[12]

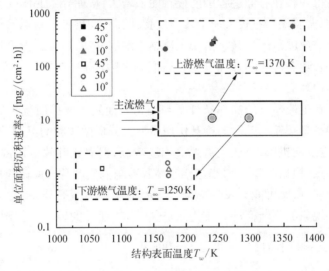

图 2-19　主流(燃气)温度和结构表面温度对微颗粒沉积的影响[55]

为 1 250 K 时,目标靶单位面积微颗粒沉积速率 ε 很小[约为 1 mg/(cm² · h)],但是当燃气温度为 1 370 K 时,单位面积微颗粒沉积速率 ε 会增加 100 倍以上。从图 2-19 还可以看出,当燃气温度为 1 250 K,结构表面的温度对 ε 的影响不大,但是当燃气温度为 1 370 K 时,则随着结构表面温度的增加,ε 也将增加。

　　主流燃气温度对微颗粒的影响还可以从 Casaday 等[56]和 Prenter 等[57]的结果中看出。在这两组研究中,入口的燃气温度在周向分布不均匀,从而可以使得不同导叶前面的局部燃气温度相差较大。这两组的研究结果均表明,局部燃气温度较高的导叶表面微颗粒沉积较大,这与前面的结论是一致的。目前的研究基本都表明微颗粒沉积随着燃气温度增加而增加。

可以利用前述关于微颗粒与结构表面相互作用的理论去分析燃气温度对微颗粒沉积的影响规律。对于固态微颗粒而言,影响其与结构表面的一个重要参数就是其杨氏模量,杨氏模量一般随着温度的升高而降低,而泊松比受到温度的影响较小。如果微颗粒与结构表面碰撞时保持固态,当主流燃气温度升高时,微颗粒在主流燃气的加热下,其温度也会升高,因而其杨氏模量降低,那么式(2-91)中 $k_p [k_p = (1 - \nu_p^2)/(\pi E_p)$,$E_p$ 和 ν_p 分别为微颗粒的杨氏模量和泊松比] 会变大,根据式(2-91)和式(2-90),可以发现微颗粒法向临界速度会变大,即微颗粒能够被黏附的速度范围扩大,这意味着在其他同等条件下,具有更广速度范围的微颗粒被黏附在结构表面。一方面,当微颗粒与壁面碰撞后,如果微颗粒或者结构表面屈服,微颗粒的一部分动能会作为微颗粒或者结构表面的塑性变形能被存储起来,使得微颗粒能够用于克服黏附功反弹的有效能量减少;另一方面,微颗粒或者结构表面的屈服会使得两者在碰撞过程中的接触面积增大,从而导致黏附功增大,在这种情况下,微颗粒需要保留有较大能量才能反弹;因此,如果考虑材料的屈服,则微颗粒能够被黏附的速度范围扩大。由于主流燃气温度增加,微颗粒温度增加,而材料的屈服强度一般随着温度增加而减少,从而进一步使得具有更广速度范围的微颗粒被黏附在结构表面。

当微颗粒在主流燃气的加热条件下与结构表面发生碰撞时变为熔融态,这时需要基于熔融态微颗粒与壁面的相互作用模型去分析微颗粒的沉积特性。需要说明的是,在航空发动机中,虽然主流燃气温度较高,但涡轮叶片表面温度不可能高于微颗粒的沸点,根据图2-15,当熔融态微颗粒与涡轮叶片表面碰撞后,随着微颗粒韦伯数的增加,依次可能会发生黏附、反弹、铺展和飞溅等现象,在表2-1中列出了发生这些现象的判断标准。首先来分析反弹/铺展的转变。如图2-15和表2-1所示,当微颗粒韦伯数 We 满足 $1 \approx We < \frac{3}{4}\sqrt{Re}(1 - \cos \alpha) \leq \frac{3}{2}\sqrt{Re}$ [此处 α 为接触角;Re 为微颗粒雷诺数,见式(2-102)]时,微颗粒可能会反弹。但是由于微颗粒粒径较小,同时,其黏性较大,使得雷诺数较低,满足微颗粒反弹的韦伯数范围将会较窄,导致微颗粒反弹的概率较小。例如采用2.1.1节中的典型数据,如果微颗粒直径为50 μm,密度为2 200 kg/m³,取文献[53]中1 800 K时黏性系数较低值2.0 Pa·S,取微颗粒法向撞击速度为200 m/s,则这时微颗粒雷诺数为11,微颗粒发生反弹的韦伯数范围为 $We \leq 5$,这是一个很窄的范围;作为对比,可以同时取微颗粒的表面张力系数为0.3 N/m,根据此值得到微颗粒韦伯数为 $1.46×10^4$,因此微颗粒发生反弹的概率很小。

当熔融态微颗粒韦伯数较大时,根据图2-15,微颗粒与壁面碰撞后,可能会铺展或飞溅。根据表 2-1，当 $We < We_c = A \times La^{-0.18}$ [A 是与粗糙度相关的常数，取粗糙度 0.84 的值，即 2 634；La 是微颗粒拉普拉斯数，见式(2-102)]时，微颗粒会铺展，而 La 与微颗粒粒径成正比、与其黏性的平方成反比，这样 We_c 会是一个较大的值。例如采用上面的典型值，则 $We_c = 6.25 \times 10^3$，虽然该值比 1.46×10^4 要小，但是需要注意的是，当熔融态微颗粒与结构表面碰撞时，由于微颗粒与壁面进行换热，其温度也会降低，其黏性会升高，这使得实际的 We_c 会较大，同时，微颗粒法向撞击速度为 200 m/s，这是一个较大的速度，如果取撞击速度为 100 m/s，则相应的韦伯数为 2.65×10^3；综合以上两点，可以发现，熔融态微颗粒在结构表面铺展的概率会很高。微颗粒在结构表面铺展的过程中，会继续与结构表面换热，这样其温度进一步降低，可能会固化，并最终沉积在结构表面。在微颗粒沉积的临界黏性模型中，当其温度大于软化温度时，认为其沉积概率 1，通过以上分析，可以发现，该模型具有一定的合理性，基于该模型的微颗粒沉积预测与实验较为接近。

目前的大部分微颗粒沉积的实验研究中的主流温度一般为 1 000~1 700 K[43]，大部分的实验结果都表明微颗粒沉积随着主流温度增加而增加，对于更高的燃气温度的情况下，由于实验条件的限制，微颗粒沉积的规律还不清楚。目前，一些学者[58-63]采用在低温条件下实验研究了微颗粒沉积规律，其主要规律与高温条件下的主要规律基本一致，但是也有一些差异。低温条件下的微颗粒沉积实验中常用的微颗粒是石蜡，其熔点较低(一般为 40~60℃)，在这种情况下，相对于微颗粒熔点，其主流温度范围可以更广，能够对一些"更高温"条件下的沉积进行一些探索。关于低温条件下的实验方法可参照本书第 4 章。

图 2-20 是文献[63]在低温条件下带有气膜冷却结构的实验件表面沉积的实验结果，实验中采用的是熔点约为 44℃的石蜡，石蜡被加热到 60℃，然后在主流中雾化产生石蜡微颗粒(粒径范围为 10~20 μm)，主流温度分别是 30℃、40℃以及 50℃。从图 2-20 可以发现，微颗粒沉积随着主流温度的增加先增加后减少，在主流温度 40℃(注意该温度与石蜡熔点接近)时，沉积量达到最大值。杨晓军等[62]也有类似的结论，即当主流温度与石蜡熔点接近时，石蜡微颗粒更容易沉积在结构表面。当主流温度低于石蜡熔点时，由于微颗粒在主流中要运动一段距离，部分微颗粒可能会处于固态或者接近于固态，当这些微颗粒撞击结构表面时，就容易发生反弹；当主流温度较高(例如远大于石蜡熔点)时，所有微颗粒是熔融态且温度较高，根据式(2-109)，可以发现，在结构表面的热流差在较短时间内可能不足以使得大量熔融态微颗粒迅速固化，在这种情况下，部分微颗粒可能会被主流的剪切力重新带入主流。因此，当熔点与主流温度较接近时，撞击结构表面的微颗粒几乎都能黏附或者铺展在结构表面，而此时，微颗粒温度不高，结构表面附近的热流差足以快速固化大部分结构表面的微颗粒，从而最终使得它们沉积在结构表面。当然，

以上只是低温条件下的结论和分析,至于在高温条件下,这些是否还成立,需要进一步去研究和验证。结合高温条件和低温条件下的研究结果,可以发现,微颗粒熔点(或软化温度)与主流温度之间的差值是影响微颗粒沉积的一个重要因素。

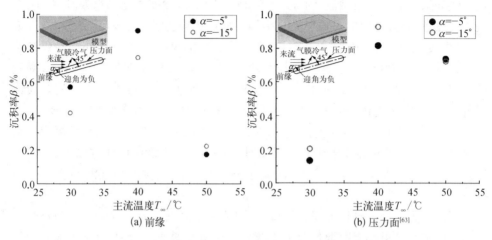

(a) 前缘　　　　　　　　　　　　　　(b) 压力面[63]

图 2-20　低温条件下不同主流温度的沉积率

沉积率的定义见式(2-110)

2.2.2　结构表面温度对微颗粒沉积的影响

结构表面温度对微颗粒沉积的影响如图 2-21 所示,该图是 Cohn[64] 根据当时的研究数据给出的定性描述,后来,Laycock 和 Fletcher[65] 采用实验方法定量研究了结构表面对微颗粒沉积的影响,其结果如图 2-22 所示。相对于主流温度对微颗粒沉积的影响,结构表面温度对微颗粒沉积的影响要稍微复杂一些。从图 2-21 可以看出,在一定结构表面温度的条件下,随着主流温度升高,微颗粒沉积率(因而在同样时间内的沉积量)也升高,这与 2.2.1 节的讨论是一致的;但是,当结构表面温度升高时,微颗粒沉积速率先升后降,从 Laycock 和 Fletcher 的结果(图 2-22)也可以看出这一结论,例如,当主流温度为 1 657~1 665 K、投入的微颗粒总质量为 7.20~9.25 g 时,随着结构表面初始温度由 1 167 K 增加到 1 211 K、最后到 1 407 K,微颗粒沉积率由 0.8% 增加到 10.8%、最后减少到 7.5%;对于其他情况,在较高的结构温度范围内,微颗粒沉积都有一个下降的过程,虽然可能会出现一个再次增长的过程。在有些学者的实验条件下,只发现微颗粒沉积随着结构温度单调增长的结论,例如 Casaday 等[56] 和 Whitaker 等[66]。但是 Laycock 和 Fletcher 研究中的结构表面温度范围(1 170~1 410 K)与 Casaday 等(1 233~1 313 K)和 Whitaker 等(920~1 262 K)的不同,且 Laycock 和 Fletcher 研究中燃气温度要比后两者的燃气温度高,同时,考虑到不同研究中微颗粒属性的差异性,因此关于结构表面温度对

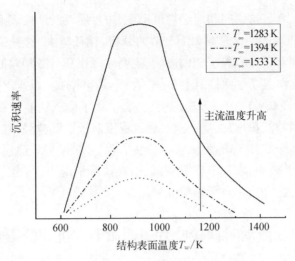

图 2-21　结构表面温度对微颗粒沉积的影响示意图[64]

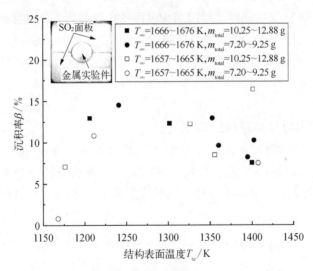

图 2-22　结构表面温度对微颗粒沉积的影响[65]

图中的沉积率不是按照投入微颗粒总量计算的,而是扣除了沉积
在其他管路表面的微颗粒后的微颗粒净投入量计算的

微颗粒沉积的影响,不同研究可能会有不同的结论。

可以根据 $\delta/x = 0.37Re_x^{-1/5}$ [66] (x 和 δ 分别表示局部距离以及边界层厚度)对边界层的厚度进行估计。由于在一般涡轮流道中以及一些实验的主流中,其主流雷诺数在 10^5 量级,则 δ/x 的量级为 10^{-1},而流道宽度与涡轮叶片弦长的量级为 1,则可以知道边界层厚度相对于流道宽度的量级为 10^{-1},同时,由于温度边界层 δ_T 的量级与 δ 相同[67](因为介质是燃气,性质接近于空气),因此温度边界层相对于流道

宽度的量级也是 10^{-1},这说明相对于燃气温度,边界层以及结构表面温度对于微颗粒运动和温度的影响较小;根据 2.1.1 节的分析,粒径越大,这种影响就越小。因此,结构表面温度对于微颗粒沉积的影响,主要体现在其与微颗粒的相互作用过程中。当结构表面温度升高时,其杨氏模量 E_s 是下降的,根据式(2-91)和式(2-90),这使得微颗粒法向临界速度会变大,扩大了微颗粒能够被黏附的速度范围,从而使得微颗粒沉积增加,这一点与燃气温度对于微颗粒沉积的影响机理是一样的;但是如果微颗粒处于熔融态,根据固化方程,如果结构表面温度较高,会使得结构附近的热流差较小,不利于微颗粒固化,在这种情况下,熔融态的微颗粒的一部分可能会被带入主流,导致微颗粒沉积减少。

2.3　流动对涡轮叶片表面微颗粒沉积的影响

流动对微颗粒沉积的主要体现以下两个方面:一方面,微颗粒受到燃气的作用力(见 2.1.1 节),其运动以及撞击结构表面的位置与燃气流动紧密相关;另一方面,微颗粒在运动过程中与燃气进行换热,其撞击结构表面时的温度也与燃气流动结构和温度场紧密相关。2.2 节着重介绍了主流温度和结构表面温度对微颗粒沉积的影响机理,本节着重从微颗粒运动方面介绍微颗粒沉积特性。

2.3.1　不同粒径微颗粒的沉积特性

微颗粒的运动和温度变化,不仅受到燃气流动和温度场的影响,而且与其本身的特征(如密度、粒径等)有关。进入涡轮通道的微颗粒粒径不是均一的,其范围为 1~50 μm。图 2-23 给出了一种微颗粒质量分数的粒径分布,该分布类似于正

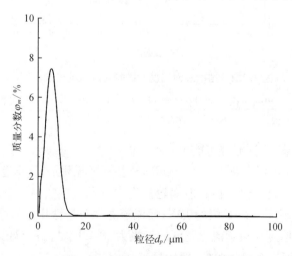

图 2-23　典型微颗粒粒径分布[65]

态分布,其大部分粒子质量集中在某一个粒径范围内,在该粒径范围外,微颗粒质量占比较小。实验中,能够直接测得不同粒径的微颗粒个数分布,如果假设微颗粒的形状固定(例如球形),则可以将粒径个数分布转化为质量分数的粒径分布。微颗粒粒径不均一性对于微颗粒沉积量以及沉积分布有着重要的影响。

在 2.1.1 节,对微颗粒在燃气中的受力和换热过程进行了分析,在这些力中,拖曳力是最重要的力,基于拖曳力的分析,可以发现斯托克斯数是评估微颗粒在燃气中随流性的重要参数。对于粒径较大的微颗粒,相应的斯托克斯数则较大(注意斯托克斯数与粒径的平方成正比),因此,其随流性较差,这意味着微颗粒运动受燃气流动结构变化影响较小;反之,对于粒径较小的微颗粒,相应的斯托克斯数则较小,随流性较好,其运动受燃气流动结构变化影响较大。图 2-24 给出了不同粒径微颗粒在流动(假设流动是定常的)中的示意图,小粒径微颗粒由于随流性较好,其轨迹与附近的流线较为相似,导致微颗粒将无法撞击结构表面;在其他同样的条件下,大粒径微颗粒的运动轨迹将与附近流线形状相差较大,导致其可能克服流体的阻力而撞击结构表面。因此,在同样条件下,粒径越大,微颗粒的撞击率[式(2-110)]越大,这是微颗粒沉积增加的一个因素。图 2-25 是在燃气温度为1 456 K 时不同粒径微颗粒的沉积率,从图中可以看出,随着粒径的增加,微颗粒的沉积率是增加的。考虑到在此燃气温度条件下,微颗粒黏附率[式(2-110)]几乎为 100%,显然影响沉积率的主要因素是微颗粒撞击率,由此可以得到结论:粒径越大,微颗粒的撞击率越大。需要注意的是,该结论对于类似于图 2-24 的两相流动问题是成立的,但是对于较为复杂情况,则可能失效,后面举例说明(2.3.2 节)。

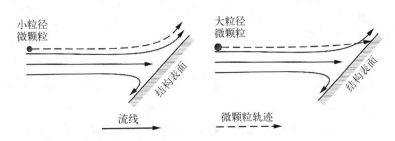

图 2-24　不同粒径微颗粒在流动中的示意图

微颗粒的温度是影响其沉积特性的重要因素。微颗粒燃气中运动的同时与燃气进行换热,因此微颗粒撞击结构表面的温度与其运动过程及经过的温度场有关。考察一种简单的情况:燃气流动和温度都是均一的,设流动为 $v = (v_\infty, 0, 0)$,温度为 $T = T_\infty$,球形熔融态微颗粒初始的速度与流动速度一致,其初始温度分别是 $T_{p,0} > T_\infty$,则微颗粒后续的运动速度与燃气流动一致,微颗粒换热方程为

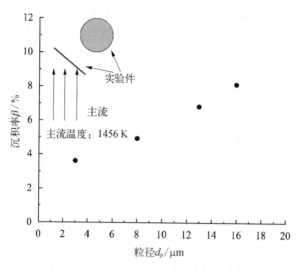

图 2 - 25   不同粒径微颗粒的沉积率[12]

$$\frac{\mathrm{d}T_p}{\mathrm{d}t} = \frac{12k_\infty}{d_p^2 \rho_p c_p}(T_\infty - T_p) \tag{2-111}$$

式中,各符号意义见 2.1.1 节,此处应用了球的外流对流换热系数计算经验关系式[7]:

$$Nu = \frac{h_p d_p}{k_\infty} = 2.0 + 0.6 Re_p^{1/2} Pr_\infty^{1/3} \tag{2-112}$$

根据式(2-111),可以得到:

$$T_p = T_\infty + (T_{p,0} - T_\infty)\mathrm{e}^{-\frac{12k_\infty t}{d_p^2 \rho_p c_p}} = T_\infty + (T_{p,0} - T_\infty)\mathrm{e}^{-\frac{12k_\infty s_p}{d_p^2 \rho_p c_p v_\infty}} \tag{2-113}$$

式中, s_p 为微颗粒运动距离,最后一步考虑了微颗粒是匀速运动这一事实。从式(2-113)可以看出,如果结构表面距离微颗粒初始位置较近,则大粒径微颗粒温度到达结构表面时的温度比小粒径微颗粒的大,根据临界黏性沉积模型[式(2-103)],大粒径微颗粒沉积概率要高于小粒径微颗粒;如果结构表面距离微颗粒初始位置较远,则在一个较大的粒径范围内,微颗粒的温度都和气流温度基本一致,在这种情况下,微颗粒的沉积概率则与粒径无关。如果是固态微颗粒的沉积问题,根据临界速度沉积模型[式(2-90)],当结构表面距离微颗粒初始位置较近时,大粒径微颗粒的温度高于小粒径微颗粒,这是提高微颗粒沉积率的因素,但是大粒径本身又会降低临界速度,从而又是降低微颗粒沉积率的因素,问题就变得复杂了。

实际中,燃气的流动结构和温度场较为复杂,粒径对于微颗粒运动和温度的影响也变得复杂,可以针对不同粒径的微颗粒进行数值模拟,从而获得复杂流动中的微颗粒沉积规律,将在第 3 章介绍相关数值方法和结果。

2.3.2　叶栅通道内微颗粒沉积特性

涡轮叶栅由导叶(或静叶)和动叶(或工作叶片)组成(图 2-26),一般来说,由于一级导叶离燃烧室出口最近,其表面微颗粒沉积量最大,一级动叶表面微颗粒沉积相对较少;类似地,低压级叶栅表面微颗粒沉积会递减。因此本节着重分析一级涡轮叶栅表面的微颗粒沉积特性。

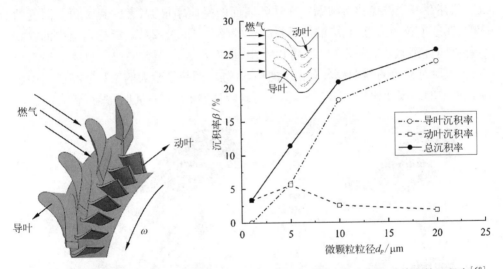

图 2-26　涡轮叶栅及叶栅通道示意图　　图 2-27　不同粒径微颗粒在涡轮叶片上的沉积率[68]

如图 2-26 所示,导叶在发动机运行过程中不旋转,对燃气进行导向;经过导向的燃气冲击动叶,使得动叶旋转并输出功。在导叶和动叶形成的叶栅通道中,流动特征是不同的,因此微颗粒在两者中的运动特征以及在导叶和动叶表面形成的微颗粒沉积特性也有所不同。图 2-27 给出了不同粒径微颗粒在一级涡轮叶栅表面的沉积率[68](数值结果),其中导叶和动叶都是无气膜冷却叶片,微颗粒具有相同的初始速度和温度。从图 2-27 可以看出,随着粒径的增大,导叶表面上的微颗粒沉积量逐渐增大,这与 Crosby 等[12]的结果(图 2-25)是一致的;但是,随着粒径的增大,动叶表面的微颗粒沉积量先增加后减少,特别地,当粒径直径为 5 μm 时,沉积率最大;当微颗粒粒径小于 5 μm 时,导叶表面微颗粒沉积率低于动叶表面微颗粒沉积率;当微颗粒粒径大于 5 μm 时,导叶表面微颗粒沉积率远高于动叶表面微颗粒沉积率。显然,总沉积率随着粒径的增加而增加。

涡轮叶栅的沉积特性与叶栅通道流动特点有关。图 2-28 给出了不同粒径微颗粒在涡轮叶栅通道内的运动轨迹及温度变化。由于涡轮叶栅通道内的流动是顺压流动,边界层分离不是很严重,叶片表面附近流动的法向速度较小,在这种情况下,当粒径较小时,微颗粒随流性较好,其运动轨迹形状与附近的流向接近[图2-28(a)、(b)],因而微颗粒与导叶表面进行碰撞的概率降低;正是因为如此,由于动叶具有周向运动速度,大部分小粒径微颗粒可以较为容易地绕过导叶,并可能与动叶进行碰撞,使得动叶表面的碰撞率以及沉积率较大;随着粒径的增大,微颗粒随流性减弱,其与导叶表面能够直接碰撞的比例增加[图2-28(c)、(d)],导叶表面的碰撞率以及沉积率增加,能够绕过导叶与动叶进行碰撞的微颗粒比例减少,因此,动叶的碰撞率和沉积率相应减少。很明显,如果微颗粒粒径范围足够大,那么必然存在一个粒径使得微颗粒在动叶表面的碰撞率最大,考虑到微颗粒温度的影响,在这个粒径附近,相应的微颗粒沉积量最大(图2-27)。叶栅通道内的温度沿着流向逐渐减小,从图2-28可以看出,所有粒径微颗粒的温度总体上逐渐减少;由于所有粒径的微颗粒具有相同的初始温度,而粒径较大的微颗粒在燃气中运动过程中的温度变化较慢[式(2-113)],其与结构表面碰撞时,具有较高的温度

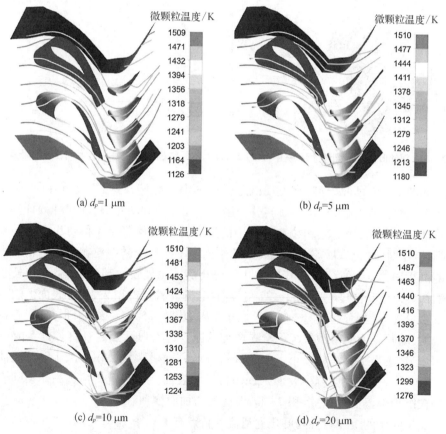

(a) d_p=1 μm
(b) d_p=5 μm
(c) d_p=10 μm
(d) d_p=20 μm

图2-28   不同粒径微颗粒在涡轮叶栅通道内的运动轨迹及温度变化[68]

(例如,从图 2-28 可以看出,最小微颗粒温度随着粒径由 1 μm 增加到 20 μm,由 1 126 K 增加到 1 276 K),因此粒径较大微颗粒可能具有较高的黏附率,这是引起大粒径微颗粒沉积率较大的另一个因素。需要注意的是,如果不同粒径微颗粒的初始温度不同(例如,由于燃烧室温度场的不均匀性,所以在涡轮进口的不同位置的微颗粒具有不同的初始温度),那么粒径对沉积的影响规律可能是不同的。

　　涡轮导叶和动叶表面的微颗粒沉积分布也是不同的。图 2-29 和图 2-30 分别为不同粒径微颗粒在涡轮导叶和动叶表面的沉积分布。总体上看,由于导叶叶栅通道内的流动在周向(图 2-26 中旋转速度的方向)速度较小,在叶高方向上流动特征(例如速度分布)较为接近,因此微颗粒沉积在叶高方向上分布较为均匀(图 2-29);而动叶通道内燃气具有明显的周向流动速度,由于离心力的作用,在动叶叶高方向上燃气有较为明显的流动速度,这就导致在动叶叶栅通道内微颗粒在叶高方向有较大的运动速度,使得在动叶中部到叶尖的区域上的微颗粒碰撞率增大,因此在这一区域微颗粒沉积也明显较多(图 2-30),随着粒径的增大,微颗粒向叶尖方向集中的趋势越来越明显。很明显,随着粒径的增加,相对于动叶,导

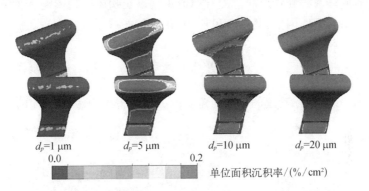

d_p=1 μm　　　d_p=5 μm　　　d_p=10 μm　　　d_p=20 μm

0.0　　　　　　　　　　0.2

单位面积沉积率/(%/cm²)

图 2-29　不同粒径微颗粒在涡轮导叶表面的沉积分布[68]

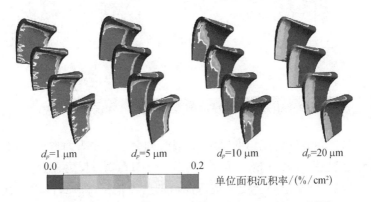

d_p=1 μm　　　d_p=5 μm　　　d_p=10 μm　　　d_p=20 μm

0.0　　　　　　　　　　0.2

单位面积沉积率/(%/cm²)

图 2-30　不同粒径微颗粒在涡轮动叶表面的沉积分布[68]

叶表面的微颗粒沉积量越来越大,正如上面的分析,这是因为导叶对大粒径微颗粒具有较强的"拦截"能力。

实际中,微颗粒不是单粒径分布,实验中也不可能制备严格的单粒径分布微颗粒,但是基于数值方法,单一粒径在叶栅通道内运动以及在叶片表面沉积的研究仍然具有意义,因为可以针对不同粒径微颗粒在导叶和动叶表面的沉积特征,采用不同的防沉积方法,例如对于导叶,重点在于防大粒径微颗粒的沉积,而对于动叶,重点在于防小粒径微颗粒沉积,特别地,对于某些叶栅通道,主要对一级导叶进行防沉积设计。

2.3.3 气膜冷却对涡轮叶片表面微颗粒沉积影响

随着涡轮前温度的不断提升,例如下一代发动机的涡轮前温度会超过 2 200 K,这个温度已经远远高于大多数材料能够正常工作的极限温度[69],涡轮叶片的冷却显得越来越重要。气膜冷却是一种常见的高效的涡轮叶片冷却技术。气膜冷却是一种基于横向射流与主流相互干扰的冷却技术。如图 2 - 31 所示[70],温度较低的冷气射流与温度较高的主流相互作用,在结构表面形成复杂的流动结构,在结构表面附近会形成马蹄涡和肾形涡。冷气射流角度以及吹风比是影响这种流动结构和气膜冷却效率的重要因素,其中吹风比 M 定义为

$$M = \frac{\rho_c v_c}{\rho_\infty v_\infty} \tag{2-114}$$

式中,ρ_c 和 v_c 分别表示冷气的密度和速度;ρ_∞ 和 v_∞ 表示(燃气)主流的密度和速度。

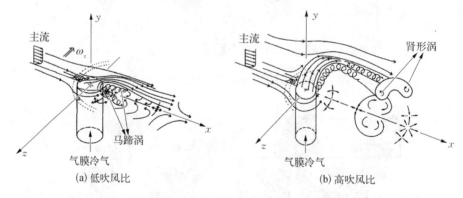

(a) 低吹风比   (b) 高吹风比

图 2 - 31 横向射流与主流相互干扰的结构示意图[70]

如果适当控制冷气射流角度以及吹风比,则会在结构表面形成一层气膜,能够高效地隔绝高温主流与结构表面的换热[图 2 - 31(a)];反之,如果冷气射流角度或吹风比不合适,则肾形涡会使得被弯曲后的射流抬高,同时,高温气流会被肾形涡卷吸到射流下部[图 2 - 31(b)],不能高效地隔绝高温主流与结构表面的换热。

一般来说,低吹风比的冷气射流与主流干扰使得冷气更加贴近结构表面,而高吹风比则很可能使得冷气射流无法贴近结构表面。但是吹风比太小,射入主流的冷气量小,形成的气膜较小,冷却效率较小,因此对于冷却效果而言,存在一个最佳的吹风比。

　　显然,气膜冷却结构对于涡轮叶片表面微颗粒沉积有着重要影响。作者在低温条件下实验研究了气膜冷却结构对平板表面微颗粒沉积的影响[63],图 2 - 32 和图 2 - 33 分别是微颗粒沉积率以及沉积分布的实验结果。如图 2 - 32 所示,在两个不同迎角时,气膜冷却结构对前缘附近的微颗粒沉积率影响不大;但是气膜冷却结构对于平板压力面(即上表面)微颗粒沉积率影响较大,当迎角分别为 -5° 和 -15° 时,气膜冷却结构使得微颗粒沉积率分别增加了约 13 倍和 6 倍,这说明气膜冷气的卷吸效应使得更多微颗粒碰撞到平板上表面,从图 2 - 33 可以明显看出这一点。对比图 2 - 33(a)、(b)可以发现,气膜冷却结构对于前缘微颗粒沉积的影响不大,但是对平板压力面的沉积分布影响很大。可以看出,对于无气膜冷却结构平板压力面,微颗粒沉积主要集中在其中后部,且在展向呈均匀分布;但是对于有气膜冷却结构平板压力面,微颗粒沉积主要集中在气膜孔的下游区域,在紧邻气膜孔的下游区域,展向上呈现"薄-厚"交错分布,即在紧邻气膜孔后部的区域,微颗粒沉积较多,而在两个气膜孔之间的后部区域,微颗粒沉积分布较少。这种微颗粒沉积分布与 Albert 和 Bogard[61] 的结果类似,在高温沉积实验中,也有类似的沉积分布[71]。

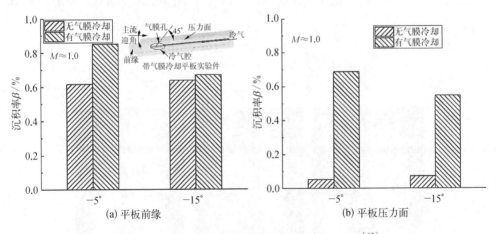

图 2 - 32　低温条件下平板前缘和压力面沉积率[63]

　　可以推测,在图 2 - 33(b)中气膜孔附近的近壁面流动结构与图 2 - 31(a)的流动结构接近。在这种情况下,对于涡轮叶片设计会出现一个矛盾。如果气膜冷却结构能够使得冷气射流贴近叶片表面,那么可能会使得在气膜孔后部沉积量较大,这对气膜冷却效率可能是不利的;如果气膜冷却结构使得冷气射流远离叶片表面,于是在气膜孔后部沉积量可能较小,但是在这种情况下,气膜冷却效率本身不高。

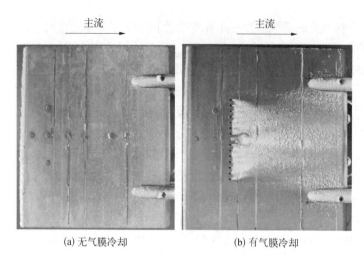

(a) 无气膜冷却　　　　　　(b) 有气膜冷却

图 2 – 33　低温条件下平板压力面微颗粒沉积分布(迎角为−5°)[63]

因此,如果发动机运行环境中有高浓度的微颗粒,未来气膜冷却结构的设计则必须考虑微颗粒沉积的影响。

上述平板的气膜孔在压力面,如果气膜孔在前缘,则微颗粒沉积特性会发生变化。Lawson 等[72]在低温条件下实验研究了前缘气膜冷却结构对微颗粒沉积的影响,其获得的沉积分布如图 2 – 34 所示。可以看出,随着吹风比由 0.5 变为 1.8,前

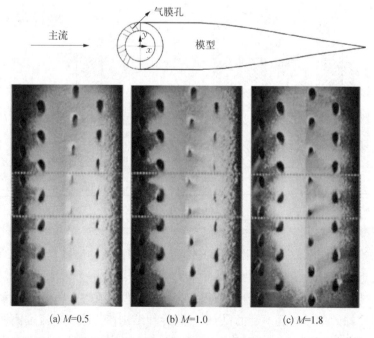

(a) M=0.5　　　　　　(b) M=1.0　　　　　　(c) M=1.8

图 2 – 34　低温条件下前缘气膜冷却结构对微颗粒沉积分布的影响[72]

缘表面的微颗粒沉积量是减少的,沉积分布在展向上比较均匀。从 Lawson 等的实验工况可以发现,前缘近壁面的流动结构接近于图 2-31(b)的结构,在这种情况,吹风比越大,意味着更多微颗粒会在射流的作用下远离结构表面,导致微颗粒沉积量减少。Ai 等[73]在高温条件下的实验结果(图 2-35 和图 2-36)也表明随着吹风比的增加,微颗粒沉积减少的。

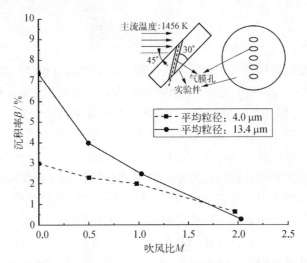

图 2-35　高温条件下气膜冷却结构对微颗粒沉积率的影响[73]

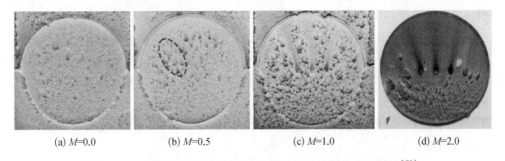

(a) M=0.0　　　(b) M=0.5　　　(c) M=1.0　　　(d) M=2.0

图 2-36　高温条件下气膜冷却结构对微颗粒沉积分布的影响[73]

图 2-32 和图 2-33 的结果表面上与图 2-34、图 2-35 和图 2-36 的结果是矛盾的,这是因为各自的实验条件尤其是冷气射流角度、迎角等条件不同,各自的流动结构也有所差别,而 Ai 等的冷气射流角度以及迎角与 Lawson 等的类似,即前者的气膜孔更像是前缘气膜孔,因此 Ai 等和 Lawson 等的结果类似。但是需要指出的,气膜冷却结构和冷气参数对微颗粒沉积的影响是复杂的。最近,赵传鹏等[74]利用数值方法研究了气膜冷却射流对微颗粒沉积的影响,在他们的研究条件下,随着吹风比的增加,微颗粒沉积先减小后增大。他们的结果表明,对于不同粒

径的微颗粒,吹风比对于碰撞率的影响较为复杂,例如随着吹风比的增加,粒径为 2.5 μm 的微颗粒的碰撞率先减少后增大,粒径为 7.8 μm 的微颗粒的碰撞率先增大后减少,而粒径 17 μm 以上的微颗粒的碰撞率变化相对较小。另外,气膜冷却会影响叶片表面的温度场,从而对于近壁面运动的微颗粒的温度以及黏附率也会产生影响,可以想象,对于不同粒径的微颗粒,这种影响也不同[74]。

2.4 小   结

本章着重介绍微颗粒沉积过程及其机理。微颗粒的沉积过程基本可以分为三个阶段:微颗粒在气流中的运动、微颗粒与结构表面的碰撞(或者相互作用)以及微颗粒在结构表面的固化,针对这三个过程(尤其是前两个过程),本章对相关理论进行了介绍。微颗粒在气流中的体积分数较小,因此,本章首先着重介绍了稀疏多相流的基本原理以及微颗粒在气流中的受力和换热理论,这些是进行数值计算以及进行分析的重要基础;然后,分别针对固态微颗粒和液态微颗粒,介绍了微颗粒与结构表面相互作用的类型以及模型,这些是建立沉积数学模型的基础。本章并没有对微颗粒在结构表面的固化过程进行详细讨论,仅针对液态微颗粒介绍固化模型,但作者认为,微颗粒固化对其沉积过程有着重要影响,这是完善当前沉积数学模型需要考虑的问题。

基于微颗粒在气流中的运动和换热理论以及沉积模型,本章对当前微颗粒沉积的主要规律进行了分析,讨论了这些规律形成的机理。本章主要介绍和讨论了主流温度、壁面温度、微颗粒粒径、叶栅通道、气膜冷却等因素对微颗粒沉积的影响规律,对于其他因素的影响并未做相关讨论。由于微颗粒成分的多变性、流动结构的复杂性,目前还没有鲁棒性较强的、可直接用于工程计算及设计的较为精确的沉积预测模型,这是微颗粒沉积研究需要解决的一个重要问题。因此,当前微颗粒沉积预测的主要手段还是数值方法以及实验方法,将在后面两章对这两个方法进行介绍和讨论。

参考文献

[1]   Pilch M, Erdman C A. Use of breakup time data and velocity history data to predict the maximum size of stable fragments for acceleration-induced breakup of a liquid drop[J]. International Journal of Multiphase Flow, 1987, 13: 741–757.

[2]   彭犇,唐续龙,勾立争,等. SiO$_2$ – Al$_2$O$_3$ – CaO – MgO 四元矿渣棉体系的表面张力测定与模型预报[J]. 北京科技大学学报,2014,36: 1335–1340.

[3]   刘士和,刘江,罗秋实,等. 工程湍流[M]. 北京: 科学出版社,2011.

[4]   Soo S L. Fluid dynamics of multiphase systems[M]. New York: Blaisdell Publishing Company, 1967.

[5] 赵世来. 基于两相流理论的低密度挟沙水流运动数值模拟[D]. 武汉: 武汉大学, 2007.

[6] 刘洪涛. 气固两相流中微细颗粒沉积与扩散特性的数值研究[D]. 重庆: 重庆大学, 2010.

[7] Fan L S, Zhu C. Principles of gas-solid flows[M]. Cambridge: Cambridge University Press, 1998.

[8] Venu M G, Chhabra R P. Drag on non-spherical particles in viscous fluids[J]. International Journal of Mineral Processing, 1995, 43: 15 - 29.

[9] 由长福, 祁海鹰, 徐旭常. 气固两相流动中非球形颗粒所受曳力的数值研究[J]. 化工学报, 2003, 54: 188 - 191.

[10] 刘胜佳, 张光学, 马振方, 等. 低雷诺数下团聚体细颗粒阻力修正系数的实验研究[J]. 实验力学, 2019, 34: 819 - 823.

[11] 曾林, 程礼, 李宁, 等. 航空发动机吞砂试验标准砂与典型沙粒形貌对比分析[J]. 航空发动机, 2019, 45: 97 - 102.

[12] Crosby J M, Lewis S, Bons J P, et al. Effects of temperature and particle size on deposition in land based turbines[J]. Journal of Engineering for Gas Turbines and Power, 2008, 130: 051503.

[13] Bons J P, Lewis S, Bons J P, et al. High-pressure turbine deposition in land-based gas turbines from various synfuels[J]. Journal of Engineering for Gas Turbines and Power, 2007, 129: 135 - 143.

[14] 岑可法, 樊建人. 工程气固多相流动的理论及计算[M]. 杭州: 浙江大学出版社, 1990.

[15] 郭烈锦. 两相与多相流动力学[M]. 西安: 西安交通大学出版社, 2002.

[16] Talbot L, Cheng R, Schefer R, et al. Thermophoresis of particles in a heated boundary layer [J]. Journal of Fluid Mechanics, 1980, 101: 737 - 758.

[17] Passman S L. Forces on the solid constituent in a multiphase flow[J]. Journal of Rheology, 1986, 30: 1077 - 1083.

[18] Batchelor G K. An introduction to fluid dynamics[M]. Cambridge: Cambridge University Press, 2000.

[19] Crowe C T, Schwarzkopf J D, Sommerfeld M, et al. Multiphase flows with droplets and particles [M]. Boca Raton: CRC Press, 2012.

[20] Moreno-Casas P A, Bombardelli F A. Computation of the Basset force: Recent advances and environmental flow applications[J]. Environmental Fluid Mechanics, 2016, 16: 193 - 208.

[21] Saffman P G. The lift on a small sphere in a slow shear flow[J]. Journal of Fluid Mechanics, 1965, 22: 385 - 400.

[22] Li A, Ahmadi G. Dispersion and deposition of spherical particles from point sources in a turbulent channel flow[J]. Aerosol Science and Technology, 1992, 16: 209 - 226.

[23] Pereira G C, Souza F J, Martins D A D M. Numerical prediction of the erosion due to particles in elbows[J]. Powder Technology, 2014, 261: 105 - 117.

[24] Oesterlé B, Bui D T. Experiments on the lift of a spinning sphere in a range of intermediate Reynolds numbers[J]. Experiments in Fluids, 1998, 25: 16 - 22.

[25] Lukerchenko N, Kvurt Y, Keita I, et al. Drag force, drag torque, and magnus force coefficients of rotating spherical particle moving in fluid [J]. Particulate Science and Technology, 2012, 30: 55 - 67.

［26］ Dennis S C R, Singh S N, Ingham D B. The steady flow due to a rotating sphere at low and moderate Reynolds numbers［J］. Journal of Fluid Mechanics, 1980, 101: 257 – 279.

［27］ 杨世铭,陶文铨.传热学(第四版)［M］.北京: 高等教育出版社,2006.

［28］ 张家荣,赵廷元.工程常用物质的热物理性质手册［M］.北京: 新时代出版社,1987.

［29］ Lawson S A, Thole K A. Simulations of multiphase particle deposition on endwall film-cooling ［J］. Journal of Turbomachinery, 2012, 134: 011003.

［30］ Brach R M, Dunn P F. A mathematical model of the impact and adhesion of microsphers［J］. Aerosol Science and Technology, 1992, 16: 51 – 64.

［31］ Johnson K L. A note on the adhesion of elastic solids［J］. British Journal of Applied Physics, 1958, 9: 199 – 200.

［32］ Johnson K L, Kendall K, Roberts A D. Surface energy and the contact of elastic solids［J］. Proceedings of the Royal Society A, 1971, 324: 301 – 313.

［33］ Simoshenko S, Coodier J N. Theory of elasticity ［M］. New York: MacGraw-Hill Book Company Inc. , 1951.

［34］ El-Batsh H. Modeling particle deposition on compressor and turbine blade surface ［D］. Vienna: Vienna University of Technology, 2001.

［35］ Soltani M, Ahmadi G. On particle adhesion and removal mechanisms in turbulent flows［J］. Journal of Adhesion Science and Technology, 1994, 8: 763 – 785.

［36］ White F M. Viscous fluid flow［M］. New York: MacGraw-Hill Book Company Inc. , 2006.

［37］ Pope S B. Turbulent flows［D］. Cambridge: Cambridge University Press, 2000.

［38］ 周君辉,张靖周.气膜孔附近粒子沉积特性的数值研究［J］.航空动力学报,2014,29: 2166 – 2173.

［39］ 赵宏杰,姜玉廷,杜磊,等.船舶燃气轮机冷却涡轮叶片内部带肋冷却通道颗粒沉积特性研究［J］.推进技术,2020,41: 2049 – 2508.

［40］ 游学磊,姜玉廷,岳国强,等.舰船燃气轮机高压涡轮颗粒沉积特性研究［J］.推进技术, 2020, 41: 2491 – 2498.

［41］ Bons J P, Prenter R, Whitaker S. A simple physics-based model for particle rebound and deposition in turbomachinery［J］. Journal of Turbomachinery, 2017, 139: 081009.

［42］ Yu K H, Tafti D. Size- and temperature-dependent collision and deposition model for micron-sized sand particles［J］. Journal of Turbomachinery, 2019, 141: 031001.

［43］ Suman A, Casari N, Fabbri E, et al. Generalization of particle impact behavior in gas turbine via non-dimensional grouping［J］. Progress in Energy and Combustion Science, 2019, 74: 103 – 151.

［44］ Song W J, Lavallée Y, Hess K U, et al. Volcanic ash melting under conditions relevant to ash turbine interactions［J］. Nature Communications, 2016, 7: 10795.

［45］ Bai C X, Gosman A D. Development of a methodology for spray impingement simulation［R］. SAE Technical Paper 950283, 1995.

［46］ Rioboo R, Tropea C, Marengo M. Outcomes from a drop impact on solid surfaces［J］. Atomization and Sprays, 2001, 11: 155 – 165.

［47］ Lee S Y, Ryu S U. Recent progress of spray-wall interaction research［J］. Journal of Mechanical Science and Technology, 2006, 20: 1101 – 1117.

[48] Sreedharan S S, Tafti D K. Composition dependent model for the prediction of syngas ash deposition in turbine gas hotpath[J]. International Journal of Heat and Fluid Flow, 2011, 32: 201 - 211.

[49] Senior C L, Srinivasachar S. Viscosity of ash particles in combustion systems for prediction of particle sticking[J]. Energy & Fuels, 1995, 9: 277 - 283.

[50] Kleinhans U, Wieland C, Frandsen F J, et al. Ash formation and deposition in coal and biomass fired combustion systems: Progress and challenges in the field of ash particle sticking and rebound behavior[J]. Progress in Energy and Combustion Science, 2018, 68: 65 - 168.

[51] 陈文敏,姜宁. 煤灰成分和煤灰熔融性的关系[J].洁净煤技术,1996,2: 34 - 37.

[52] Yin C, Luo Z, Ni M, et al. Predicting coal ash fusion temperature with a back-propagation neural network model[J]. Fuel, 1998, 77: 1777 - 1782.

[53] Singh S, Tafti D. Particle deposition model for particulate flows at high temperatures in gas turbine components[J]. International Journal of Heat and Fluid Flow, 2015, 52: 211 - 218.

[54] Myers T G. Extension to the Messinger model for aircraft icing[J]. AIAA Journal, 2001, 39: 72 - 83.

[55] Wenglarz R A, Jr Fox R G. Physical aspects of deposition from coal-water fuels under gas turbine conditions [J]. Journal of Engineering for Gas Turbines and Power, 1990, 112: 9 - 14.

[56] Casaday B, Prenter R, Bonilla C, et al. Deposition with hot streaks in an uncooled turbine vane passage[J]. Journal of Turbomachinery, 2014, 136: 041017.

[57] Prenter R, Ameri A, Bons J P. Deposition on a cooled nozzle guide vane with nonuniform inlet temperatures[J]. Journal of Turbomachinery, 2016, 138: 101005.

[58] Lawson S A, Thole K A. Effects of simulated particle deposition on film cooling[J]. Journal of Turbomachinery, 2011, 133: 021009.

[59] Lawson S A, Thole K A. Simulations of multiphase particle deposition on endwall film-cooling holes in transverse trenches[J]. Journal of Turbomachinery, 2012, 134: 051040.

[60] Albert J E, Bogard D G. Experimental simulation of contaminant deposition on a film cooled turbine airfoil leading edge[J]. Journal of Turbomachinery, 2012, 134: 051014.

[61] Albert J E, Bogard D G. Experimental simulation of contaminant deposition on a film-cooled turbine vane pressure side with a trench[J]. Journal of Turbomachinery, 2013; 135: 051008.

[62] 杨晓军,崔莫含,刘智刚.气膜冷却平板表面颗粒物沉积的实验研究[J].推进技术,2018, 39: 1323 - 1330.

[63] Liu Z G, Liu Z X, Zhang F, et al. An experimental study on the effects of a film cooling configuration and mainstream temperature on depositing[J]. Journal of Thermal Science, 2019, 28: 360 - 369.

[64] Cohn A. Effect of gas and metal temperatures on gas turbine deposition [C]. Denver: Proceedings of the 1982 Joint Power Generation Conference, 1982.

[65] Laycock R, Fletcher T H. Independent effects of surface and gas temperature on coal fly ash deposition in gas turbines at temperatures up to 1 400℃ [J]. Journal of Engineering for Gas Turbines and Power, 2016, 138: 021402.

[66] Whitaker S M, Lundgreen R K, Bons J P. Effects of metal surface temperature on deposition-

induced flow blockage in a vane leading edge cooling geometry[C]. Charlotte: ASME Turbo Expo 2017: Turbomachinery Technical Conference and Exposition, 2017.

[67] 郭永怀. 边界层讲义[M]. 合肥: 中国科学技术大学出版社, 2008.

[68] Liu Z G, Diao W N, Liu Z X, et al. A numerical study of the effect of particle size on particle deposition on turbine vanes and blades[J]. Advances in Mechanical Engineering, 2021, 13: 1-12.

[69] Zhang J Z, Zhang S C, Wang C H, et al. Recent advances in film cooling enhancement: A review[J]. Chinese Journal of Aeronautics, 2020, 33: 1119-1136.

[70] Andreopoulos J, Rodi W. Experimental investigation of jets in a crossflow[J]. Journal of Fluid Mechanics, 1984, 138: 93-127.

[71] Liu Z G, Zhang F, Liu Z X, et al. An experimental study of the effects of different transverse trenches on deposition on a turbine vane with film-cooling at high temperature[J]. Aerospace Science and Technology, 2020, 107: 106340.

[72] Lawson S A, Thole K A, Okita Y, et al. Simulations of multiphase particle deposition on a showerhead with staggered film-cooling holes[J]. Journal of Turbomachinery, 2012, 134: 051041.

[73] Ai W, Laycock N G, Rappleye N S, et al. Effect of particle size and trench configuration on deposition from fine coal flyash near film cooling holes[J]. Energy and Fuels, 2011, 25: 1066-1076.

[74] 赵传鹏, 刘松, 谭晓茗, 等. 气膜冷却射流对叶片微细颗粒沉积影响[J]. 航空动力学报, 2022, 37: 545-554.

第 3 章
微颗粒沉积数值模拟

数值模拟是研究微颗粒沉积的重要方法,对于预测微颗粒沉积及揭示微颗粒沉积机理具有重要意义。在第 2 章,对于微颗粒沉积的相关理论和模型进行了介绍和讨论,这些是建立微颗粒沉积数值方法的基础。本章将在第 2 章的基础上,介绍微颗粒沉积的数值模拟方法和技术,并对相关的数值模拟结果进行分析和讨论。

3.1 多相流动理论简介

一般情况下,物质有固、液、气和等离子四种状态(亦称为四相),如果不考虑电磁特性,也可以把等离子相并入气相类。单相物质的流动称为单相流,两种混合均匀的气体或者液体的流动也称为单相流。同时存在两种及两种以上相态的物质混合体的流动就称为两相或多相流。在多相流的研究中,一般把物质分为连续介质和离散介质。气体和液体属于连续介质,也称为连续相或流体相[1]。固体微颗粒、液滴等属于离散介质,也称为离散相或微颗粒相。微颗粒相可以是不同物态、不同化学成分、不同尺寸或不同浓度含量的微颗粒。对于微颗粒在涡轮叶栅通道中的流动问题,根据微颗粒的不同物态可以将其分为气固两相流、气液两相流、气液固多相流;根据微颗粒的不同浓度可以将其分为稀疏多相流和稠密多相流。

1) 气固两相流

气体和固体微颗粒混合在一起共同流动称为气固两相流。在自然界中,空气夹带的灰尘、沙漠风沙、冰雹、飞雪等是气固两相流。在工业过程中,气力输送、气流干燥、煤粉燃烧、气力浮选、石油的催化裂化等过程都是气固两相流的具体实例。对于微颗粒沉积问题,如果微颗粒在燃烧室过后为固态,那么固态微颗粒和燃气的流动也是气固两相流。

一般来讲,固体微颗粒是没有流动性的。但是当流体中存在大量固体小粒子时,如果流体的流动速度足够大,这些固体粒子的特性与普通流体类似,就可以认为这些固体微颗粒为拟流体,在适当的条件下当作流体来考虑。此时,微颗粒相和流体相一起被视为连续介质,且两类介质在空间上可以相互渗透,各自满足连续性方程、动量方程和能量守恒方程,且能对相间滑移、耦合及微颗粒相内湍流输运特性等进行考虑。但是,拟流体并不是真正的流体,微颗粒与气体分子之间、两相流与连续介质流之间存在差异,因此在使用拟流体假设时要特别注意适用条件。

2)气液两相流

气体和液体物质混合在一起共同流动称为气液两相流。在自然界中,雨滴在风的作用下流动、水面上的雾气上升、山间的云雾笼罩都属于常见的气液两相流。在工业生产过程中,传热传质与化学反应工程设备中的各种蒸发器、冷凝器、反应器、蒸馏塔等,航空发动机中的燃油雾化、油气分离及通风等,都存在气液两相流动的过程。对于微颗粒沉积问题,如果微颗粒在燃烧室过后为液态,那么液态微颗粒和燃气的流动也是气液两相流。此时,液态微颗粒与燃气的流动亦可采用拟流体方法处理。

3)气液固多相流

气体、液体和固体微颗粒混合在一起的流动称为气液固多相流。例如,在油田油井及井口内的原油-水-气-砂粒的三种以上相态物质的混合物流动,化学合成和生化反应器中的悬浮床等均存在气液固多相流动。对于微颗粒沉积问题,如果微颗粒在经过燃烧室后既有固态又有液态,那么微颗粒和燃气的流动就是气液固多相流。

4)稀疏多相流与稠密多相流

稀疏多相流与稠密多相流是以微颗粒相在气相中的含量多少来划分的。通常认为在稀疏多相流中,由于微颗粒相的浓度不太大,所以微颗粒相的存在对于气相运动的影响不大,微颗粒相的运动规律基本与气相一致,只要把气相和微颗粒相运动的相互影响加以修正即可(例如微颗粒相对气相的相对滑移、微颗粒相的存在对气相运动的阻力、气相对微颗粒相的作用力等)。稠密多相流是指微颗粒相浓度增大到一定数值后,对气相的流动形成很大的影响,此时微颗粒相对气相的影响大到不能忽略,同时亦需要考虑微颗粒之间的相互作用等因素的影响,此时流动过程就不能用简单的气相方程加以修正来描述。

对于稀疏与稠密多相流的分界目前还没有统一的定论,若以微颗粒间相互作用的影响来判断,一般认为当微颗粒相体积分数小于 5.5% 时,可忽略微颗粒间相互作用;而当微颗粒相体积分数大于 5.5% 时,则应考虑微颗粒间的各种相互作用力,但也有文献认为忽略微颗粒相间作用的微颗粒浓度应该更稀。例如,有学者提出以微颗粒体积分数为 0.4% 作为区分稀疏和稠密两相流动的标准[2],也有学者认为微颗粒相的体积分数在 10^{-4} 时仍存在微颗粒与微颗粒之间的相互作用[3]。总的来讲,大多数情况下以微颗粒相的存在对气相流动尚未形成重大影响且微颗粒间的相互作用可忽略的微颗粒浓度为稀疏多相流的分界。对于涡轮叶片表面的微颗粒沉积问题,微颗粒相的体积分数一般处于 10^{-5} 以下,因此可以认为燃气-微颗粒在涡轮叶栅通道内的流动是稀疏两相流动。应当指出,在稀疏多相流中微颗粒相的存在对于气相的影响不大,相反,气相的存在对微颗粒相的运动影响极大,我们需要着重分析气相和微颗粒相互间的作用力,从而预测微颗粒相的运动轨迹和速度。

3.2　稀疏多相流动及其数值模型

3.2.1　微颗粒的受力模型

经过燃烧室后的微颗粒以固态或熔融态的形式存在,在高温高压燃气的作用下流经涡轮部件,其在整个叶栅通道中的流动属于稀疏多相流动。高温高压环境使得微颗粒所受到各个作用力的大小相比于常温常压情况存在差异,直接影响了微颗粒的运动轨迹及其在结构表面的落点位置。

微颗粒在流体的运动方程如下:

$$m_p \frac{\mathrm{d}\boldsymbol{v}_p}{\mathrm{d}t} = \sum_i \boldsymbol{F}_i \tag{3-1}$$

式中,m_p 为微颗粒质量;$\boldsymbol{v}_p$ 为微颗粒速度;$\boldsymbol{F}_i$ 为微颗粒受到的不同种类的力。

微颗粒的运动轨迹,可以通过对微颗粒的受力分析和轨迹积分得到。微颗粒受力示意图见图 3 - 1。一般来说,微颗粒受到的力主要包括拖曳力 $\boldsymbol{F}_D$、重力 $\boldsymbol{F}_g$ 与浮力 $\boldsymbol{F}_b$、附加质量力 $\boldsymbol{F}_m$、压力梯度力 $\boldsymbol{F}_p$、巴塞特力 $\boldsymbol{F}_B$、萨夫曼力 $\boldsymbol{F}_S$、马格努斯力 $\boldsymbol{F}_M$、布朗力 $\boldsymbol{F}_{Br}$ 和热泳力 $\boldsymbol{F}_T$[4-12]。

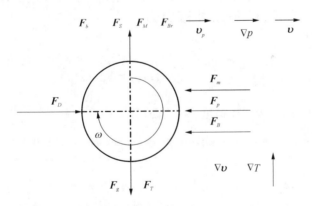

图 3 - 1　微颗粒受力示意图

根据第 2 章中微颗粒受力分析,受力运动轨迹计算最终考虑的微颗粒受力包括:拖曳力、重力、附加质量力、压力梯度力和热泳力。

3.2.2　燃气-微颗粒稀疏多相流动数值计算

燃气-微颗粒的多相流动计算是进行微颗粒沉积计算研究的基础,通过两相流场计算,不仅可以得到流体及微颗粒相运动及分布参数,同时也可以得到微颗粒在壁面的撞击位置以及撞击速度等物理参数,这些是计算微颗粒/壁面相互作用及壁面微颗粒沉积分布的初始条件。

目前,数值计算中对多相流中各相的处理方法主要有两种:一种是欧拉方法,即将某相视为连续介质,并根据连续介质理论在欧拉体系导出基本控制方程;另一种为拉格朗日法,即将某相视为离散型介质,对每个质点进行拉格朗日追踪。在工程应用中,空气相的求解一般使用欧拉法,因此,通常根据微颗粒相处理方法的不同,将两相流计算方法分为欧拉-欧拉(Euler-Euler)法[13-22]和欧拉-拉格朗日(Euler-Lagrange)法[23-37]。其中前者将微颗粒相视为"拟流体",可获取微颗粒相体积分布,侧重于微颗粒相整体的特征描述;后者将微颗粒相视为"离散相",使用轨道模型计算微颗粒的轨迹,侧重单个微颗粒运动特征的描述。针对微颗粒在叶片表面的沉积问题,选用欧拉-拉格朗日法,其优势在于可以较好地模拟气相与微颗粒相之间的相互作用关系,从而给出微颗粒在流场中的运动轨迹,可以精确描述微颗粒的落点位置。

1. 气相计算方法

目前气相流场的数值模拟方法包括雷诺平均法、直接数值模拟、大涡模拟法等。雷诺平均法是目前使用最为广泛的湍流数值模拟方法,它的核心是求解时均化的雷诺方程,在满足精度要求的情况下,可以避免直接数值模拟(DNS)方法和大涡模拟(LES)方法计算量大的问题。若气相计算采用雷诺平均法,则其控制方程如下(为了方便,采用方程的张量指标形式)。

1) 连续方程

$$\frac{\partial \rho}{\partial t} + \frac{\partial}{\partial x_i}(\rho v_i) = S_m \tag{3-2}$$

式中,ρ 为气流密度;v_i 为气流速度;S_m 为源项。

2) 动量方程

$$\frac{\partial \rho v_i}{\partial t} + \frac{\partial}{\partial x_j}(\rho v_i v_j)$$
$$= -\frac{\partial}{\partial x_i}\left[p + \frac{2}{3}\rho k\right] - \frac{\partial}{\partial x_i}\left(\frac{2}{3}\mu \frac{\partial v_j}{\partial x_j}\right) + \frac{\partial}{\partial x_j}\left[\mu\left(\frac{\partial v_i}{\partial x_j} + \frac{\partial v_j}{\partial x_i}\right)\right] + S_{u_i} \tag{3-3}$$

式中,p 为压力;μ 为空气黏性系数;k 为单位质量流体湍流脉动动能;S_u 为动量方程附加源项。

3) 能量方程

$$\frac{\partial(\rho T)}{\partial t} + \frac{\partial}{\partial x_i}(\rho v_i T) = -\frac{p}{c_p}\frac{\partial v_i}{\partial x_i} + \frac{\tau_{ij}}{c_p}\frac{\partial v_i}{\partial x_j}\frac{\partial}{\partial x_i}\left(\frac{\mu}{Pr}\frac{\partial T}{\partial x_i}\right) + \frac{S_T}{c_p} \tag{3-4}$$

式中,Pr 为普朗特数;τ_{ij} 为应力张量;c_p 为比定压热容;S_T 为能量方程的源项。

　　4) 湍流模型

　　空气场的湍流模型采用两方程的剪切应力输运 $k-\omega$ 模型,简称 SST $k-\omega$ 模型,可以比较精确地描述黏性底层的流动。已有研究结果表明,该模型在计算涡轮叶片空气场的流动和换热时具有良好的精度和可靠性[38],同时在模拟微颗粒在结构表面的沉积现象时与实验吻合较好[39,40]。

　　SST $k-\omega$ 的流动方程为

$$\frac{\partial(\rho k)}{\partial t} + \frac{\partial(\rho k u_i)}{\partial x_i} = \frac{\partial}{\partial x_j}\left[\varGamma_k \frac{\partial k}{\partial x_j}\right] + G_k - Y_k + S_k \tag{3-5}$$

$$\frac{\partial(\rho \omega)}{\partial t} + \frac{\partial(\rho \omega u_i)}{\partial x_i} = \frac{\partial}{\partial x_j}\left[\varGamma_\omega \frac{\partial \omega}{\partial x_j}\right] + G_\omega - Y_\omega + D_\omega + S_\omega \tag{3-6}$$

式中,u_i 为时均化的流动速度;G_k 表示平均速度梯度产生的湍动能;G_ω 为耗散率 ω 的产生率;$\varGamma_k$、$\varGamma_\omega$ 分别代表湍动能 k 与耗散率 ω 的有效扩散项;Y_k、Y_ω 分别代表湍动能 k 与耗散率 ω 的发散项;D_ω 代表正交发散项;S_k 与 S_ω 可以自定义。

　　2. 微颗粒相计算方法

　　1) 微颗粒相动量方程

　　在确定微颗粒的受力之后,本章微颗粒运动的动量方程则可表达为

$$m_p \frac{\mathrm{d}\boldsymbol{v}_p}{\mathrm{d}t} = \boldsymbol{F}_D + \boldsymbol{F}_Q \tag{3-7}$$

式中,$\boldsymbol{F}_D$ 为拖曳力;$\boldsymbol{F}_Q$ 包括多种不同的力,具体受力种类根据第 2 章受力分析得到。

　　2) 微颗粒相能量方程

　　由于一般微颗粒的粒径较小,采用集中参数法,建立微颗粒相的能量方程如下:

$$m_p c_p \frac{\mathrm{d}T_p}{\mathrm{d}t} = q_t + q_{\mathrm{rad}} + q_s \tag{3-8}$$

式中,q_t、q_{rad} 及 q_s 分别代表对流项、热辐射项及其他热源。

　　本章计算不考虑蒸发及辐射换热,因此,给出对流项的计算方法如下:

$$q_t = h_p A_p (T_\infty - T_p) \tag{3-9}$$

式中,对流换热系数 h_p 采用 Ranz-Marshall[4,41] 计算修正公式计算:

$$Nu = \frac{h_p d_p}{k_\infty} = 2 + 0.6 Re_p^{1/2} Pr_\infty^{1/3} \tag{3-10}$$

式中,Re_p 为微颗粒与气相的相对雷诺数;Pr_∞ 为气相普朗特数;k_∞ 为气相导热系数。

3.3　微颗粒在结构表面的沉积模型

3.3.1　临界速度模型

临界速度模型主要基于两个物理过程判断微颗粒是否会沉积：一是微颗粒与壁面的相互作用，主要包含黏附和反弹两种现象；二是黏附微颗粒与壁面及周围流场三者之间的相互作用。

对前一种物理过程，其判断准则为临界捕获速度[42]，定义为

$$v_{\mathrm{cr}} = \left(\frac{2H}{d_p} \right)^{10/7} \tag{3-11}$$

式中，

$$H = 0.51 \left[\frac{5\pi^2 (k_s + k_p)}{4\rho_p^{3/2}} \right]^{2/5} \tag{3-12}$$

$$k_s = \frac{1 - \nu_s^2}{\pi E_s}, \quad k_p = \frac{1 - \nu_p^2}{\pi E_p} \tag{3-13}$$

式中，v_{cr} 为微颗粒临界捕获速度；ν_p 和 ν_s 分别为微颗粒和壁面材料的泊松比，计算中均取 0.27；E_p 和 E_s 分别为微颗粒和撞击壁面的杨氏模量，而微颗粒杨氏模量则由微颗粒温度决定，其计算公式为

$$E_p = 3 \times 10^{20} \exp(-0.02365 T_p) \tag{3-14}$$

式中，T_p 为微颗粒温度。

当微颗粒相对壁面的法向速度大于临界捕获速度时，微颗粒反弹；反之，则黏附于壁面。

3.3.2　临界黏性模型

该模型对于温度为 T 的单个微颗粒，在撞击结构表面后的沉积概率 $P(T_p)$ 的具体描述为[43,44]

$$P(T_p) = \begin{cases} \dfrac{\mu_{\mathrm{crit}}}{\mu_{T_p}}, & \mu_{T_p} > \mu_{\mathrm{crit}} \\ 1, & \mu_{T_p} \leqslant \mu_{\mathrm{crit}} \end{cases} \tag{3-15}$$

式中，μ_{T_p} 为单个微颗粒的黏性；μ_{crit} 为微颗粒熔化（或软化）温度所对应的黏性，称

为临界黏性。对于一般的微颗粒物,其黏性随温度的升高而降低。根据式 (3-15),当单个微颗粒的温度大于其软化温度时,其黏附在壁面的概率为 1。当单个微颗粒的温度小于其软化温度时,微颗粒黏附在壁面的概率为 $\mu_{\text{crit}}/\mu_{T_p}$。

根据前面建立的多相流动及沉积模型,对微颗粒在结构表面的沉积进行数值求解,主要包含稀疏两相流计算和微颗粒在结构表面的沉积计算两个过程,数值求解的计算步骤及流程图(图 3-2)如下:

(1) 流场初始化,其中固体壁面为光滑壁面,即沉积厚度为零;

(2) 进行空气场计算;

(3) 根据微颗粒受力分析,基于欧拉-拉格朗日方法进行微颗粒相轨迹计算;

(4) 对于到达壁面的微颗粒,根据沉积模型,通过编写二次开发程序对微颗粒是否沉积进行判断;

(5) 计算微颗粒的沉积量及厚度分布;

(6) 进行下一时间步长数值计算,重复步骤(2)~(5)。

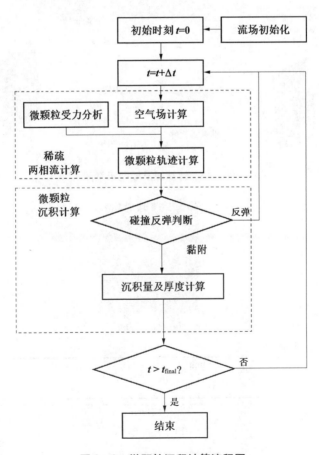

图 3-2　微颗粒沉积计算流程图

3.4   微颗粒沉积数值模拟实例

3.4.1   常温气膜冷却平板表面微颗粒沉积数值计算

1. 计算模型及边界条件

1) 计算域

建立气膜冷却平板计算模型的计算域如图 3-3 所示。计算域由尺寸 0.3 m×0.3 m×1.2 m 的流道及气膜冷却平板组成,平板前缘距流道进口 0.4 m,气膜冷却平板具有一定迎角(本章迎角均为负,为了方便,叙述时使用了迎角绝对值),如图 3-3 中为 15°。气膜冷却平板尺寸长×宽×厚为 137 m×150 m×13 mm,冷却孔从平板长度 25% 开始排布,单排孔共 15 个,具体排布形式如图 3-4 所示。气膜冷却孔直径 D 为 1.5 mm,气膜冷却孔的倾斜角为 45°,冷却气流入口与平板表面的距离为 5 mm。

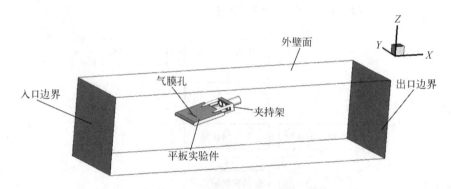

图 3-3   计算域及模型示意图

(a) 平板压力面

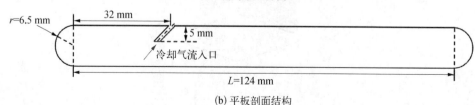

(b) 平板剖面结构

图 3-4   平板几何模型

2）计算方法及边界条件

针对稀疏两相流动特征,不考虑微颗粒之间的碰撞以及微颗粒对于气相流动的影响,采用欧拉-拉格朗日方法实现两相流动的模拟。对于微颗粒在气膜冷却平板表面的沉积模拟在 ANSYS Fluent 平台计算完成。针对气相湍流计算采用低雷诺数 SST $k-\omega$ 模型,使用 SIMPLE 算法进行非定常计算,各物理量的离散格式均为二阶离散格式。

常温计算的主要工况边界条件分别为：入口边界为速度入口,速度为 10 m/s,温度为 315 K。出口边界为压力出口。计算区域外壁面、平板及夹持架均为绝热壁面。对于有冷却气膜孔的平板,冷却气流为速度进口,冷却气温度为 269.5 K。粒子喷射区域为入口边界处,粒子介质为液态石蜡,质量流量为 10 g/min,粒子的进口分布为 Rosin-Rammler 分布,计算域中粒子个数约为 1 500 万,粒子喷射时间为 5 s。表 3-1 总结了数值模拟所用的主要计算条件,平板迎角、气膜冷却吹风比等变化的工况参数将在各个小节分别给出。

表 3-1　常温平板微颗粒沉积数值模拟的主要计算条件

参 数 名 称	数　　值
主流入口速度	10 m/s
主流入口压力	101 325 Pa
主流入口温度	315 K
冷却气流温度	269.5 K
微颗粒质量流量	10 g/min
微颗粒喷射时间	5 s

3）网格划分及无关性分析

以四面体核心对计算域进行体网格划分。为精确捕捉气膜孔附近流场及壁面沉积形貌,平板壁面附近设置有边界层,数目为 12 层。同时,为准确捕捉冷却孔附近流场,对其附近网格适当加密。图 3-5 给出了平板及其附近网格划分情况。

在吹风比为 1.0 时,计算不同网格数下叶片表面温度分布。图 3-6 为截取位置示意图,图 3-7 为平板上表面温度分布图。可以看出,采用 594 万与 634 万网格计算出来的平板上表面温度差别非常小。综合考虑数值计算的计算精度和计算速度,选择网格数为 594 万。运用相同的方法,经过网格无关性验证后,最终确定不同迎角及气膜冷却孔设置的网格数目见表 3-2。

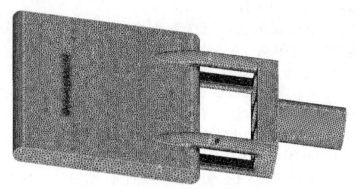

(a) 平板及夹持装置网格划分

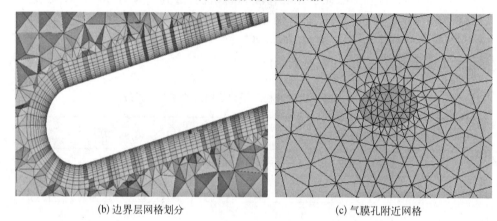

(b) 边界层网格划分　　　　　　　　(c) 气膜孔附近网格

图 3 - 5　平板及其附近网格划分

图 3 - 6　温度分布截取位置示意

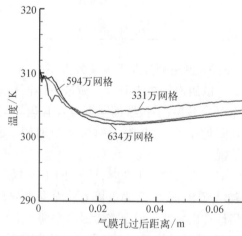

图 3 - 7　不同网格数上表面温度分布对比

表 3-2　不同结构计算所用网格数目

序　　号	网格数目	迎　　角	有无气膜孔
1	416 万	0°	
2	416 万	5°	无
3	419 万	15°	
4	594 万	15°	有

2. 不同平板迎角的影响

1）数值结果

通过改变平板的角度,对 3 种不同迎角的石蜡微颗粒沉积特性进行了数值模拟,分别对应迎角 0°、5°、15°。表 3-3 给出了不同平板迎角时的主要计算条件,其他计算边界参数见表 3-1。

表 3-3　不同平板迎角时的主要计算条件

编　　号	平板迎角	微颗粒平均粒径	有无气膜冷却
1	0°		
2	5°	15 μm	无气膜冷却
3	15°		

图 3-8 给出了不同迎角时平板前缘的流场分布情况。在平板迎角为 0°时,流场中驻点出现在平板前缘圆弧中部,空气沿圆弧绕流,速度最大值出现在圆弧尾端;空气沿板绕流,在上下壁面均形成边界层,在流动方向越积越厚,整个流动基本呈对称分布。当平板迎角为 5°时,流场中驻点沿圆弧向上表面方向偏移,速度最大值出现在靠近下表面的圆弧尾端;由于平板迎角的变大,上表面前部气流速度降低,同时在下表面可以发现一个明显的回流区,使得气流速度在该区域较低。当平板迎角为 15°时,气流驻点位置继续向上表面偏移,同时下表面的回流区范围变大。

图 3-9 给出了不同迎角时平板尾缘的流场分布情况。当平板迎角为 0°时,尾缘处出现低速区,气流在此处形成回流,形成一对靠近平板尾缘壁面的涡结构。当平板迎角增大到 5°时,气流在尾缘附近形成的回流区范围变大,同时对涡逐渐脱离尾缘壁面。在平板迎角为 15°时,尾缘回流区的范围继续扩大,对涡结构消失,这是由于迎角变大后,上表面作为迎风面的压力大于下表面,同时尾缘气流受到夹持架的影响变得更加明显,部分气流外掠平板后流动受到了其阻碍,导致较大的回流区产生。

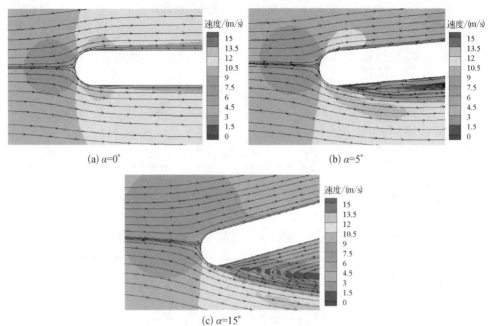

(a) $\alpha=0°$　　　　　　　　　　(b) $\alpha=5°$

(c) $\alpha=15°$

图 3-8　不同迎角下平板前缘流场分布

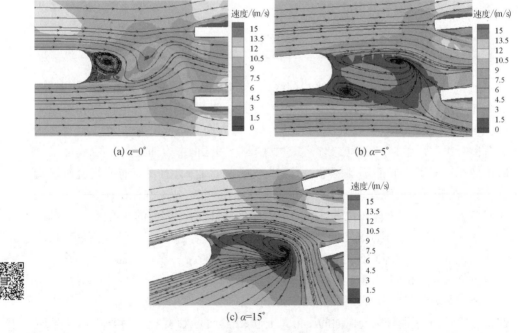

(a) $\alpha=0°$　　　　　　　　　　(b) $\alpha=5°$

(c) $\alpha=15°$

图 3-9　不同迎角下平板尾缘流场分布

图 3-10 为不同平板迎角时平板前缘的微颗粒沉积分布情况。由于通过改变平板的俯仰角度实现平板迎角的变化,会导致平板前缘沿主流气流方向的投影面在不同迎角下不一致。为了方便对比微颗粒在前缘壁面的分布,图中 5°和 15°结果为沿平板上下表面几何切向投影面,而不是沿气流方向的投影面;在 0°时,沿平板几何切向和主流气流方向为同一投影面。从图中可以看出,随着平板迎角的变化,微颗粒在前缘的沉积位置分布发生明显变化。在迎角为 0°时,微颗粒沉积特点为靠近上下表面的沉积量较少,而在前缘中线附近较大。随着迎角的增大,微颗粒的沉积分布产生变化,微颗粒的沉积逐渐向上表面偏离,在靠近下表面的区域沉积量明显变少。结合前缘的流场分析可知,出现沉积较大的区域均位于气流的驻点位置附近,由于迎角的改变导致气流驻点位置的变化,从而使得前缘的微颗粒沉积位置产生了变化。

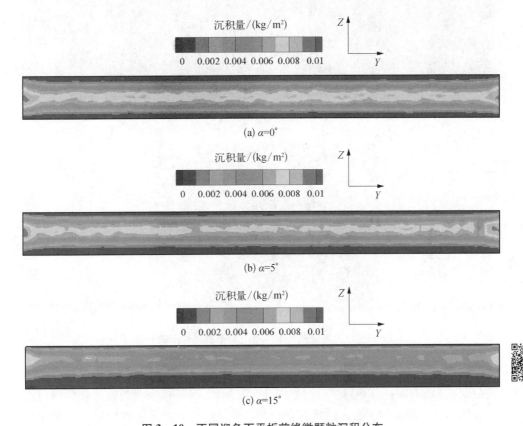

图 3-10　不同迎角下平板前缘微颗粒沉积分布

图 3-11 为不同迎角平板上表面微颗粒沉积分布情况。随着平板迎角的变大,微颗粒在平板上表面的沉积量逐渐增大。当平板迎角为 0°时,微颗粒在上表面的沉积量总体较小,同时沿流向从前部到中部,沉积量的变化梯度不大,均处于较小量级,只有在平板的后部才出现明显的微颗粒沉积。当平板迎角为 5°时,微颗粒

沉积在上表面前部基本不变,而从平板中部开始沿流向逐渐增加,在上表面后部沉积量达到最大。当平板迎角为 15°时,沉积量继续增大,但在变化趋势上基本与 5°时相同。这是因为在不同平板迎角的情况下,一方面,平板的迎风面积随着迎角的变大而变大,使得微颗粒的法向接受面积变化。在大迎角下,可以使得更多的微颗粒能随气流流动到达平板上表面。另一方面,结合尾缘流场分析,发现在不同迎角时尾缘附近的流场结构变化较大,迎角越大,尾缘附近形成的回流区越大,使得主流的微颗粒在尾缘附近更容易聚集和滞留,从而造成了上表面尾部沉积量的变大。

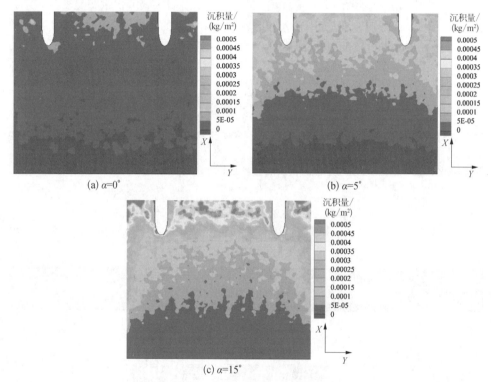

图 3-11 不同迎角下平板上表面微颗粒沉积分布

进一步,定量分析微颗粒在平板表面的沉积量。首先给出不同迎角时前缘中间截面处($Y=0$)的沉积厚度变化,如图 3-12 所示,其中横坐标为前缘圆弧对应的角度值,90°为圆弧与上表面的连接处,−90°为圆弧与下表面的连接处。从图中可以看出,不同平板迎角下的沉积厚度最大值对应的位置不同。在迎角为 0°时,最大值基本在 0°附近;当迎角为 5°时,最大值在 10°附近;当迎角为 15°时,最大值在 30°附近。这是因为平板迎角的变化使得气流在前缘的驻点位置发生了变化,结合前缘流场的分布可以发现,各个迎角状态下的厚度最大值均处于气流驻点附近位置。随着迎角的增大,沉积厚度的最大值变小,同时,在各自最大值附近的厚度变化梯度也逐渐变小,这与前缘对应位置的气流转折角度有关,小迎角时驻点过后气流转折加速较大,微颗粒在气流作用下法向的撞击速度会剧烈降低,从而降低了微颗粒与壁面的碰撞概率,而在大迎角时气流转折加速则较小,在驻点位置附近较大的范围内,微颗粒均具有比较高的法向速度,所以使得大迎角下最大值附近的厚度变化梯度较小。

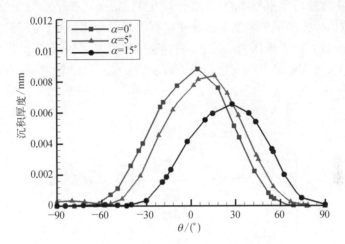

图 3 - 12　平板迎角对前缘沉积厚度的影响(截取位置 $Y=0$)

其次,给出上表面中间截面处($Y=0$)的沉积厚度变化,如图 3 - 13 所示。随着平板迎角的增大,微颗粒沉积厚度呈增加趋势。但是,微颗粒沉积厚度在平板上表面的不同位置处增加的幅度不同。在上表面前部 0~20% 的范围内,微颗粒沉积厚度随迎角的变化较小。在平板中部 40%~80% 的范围内,迎角从 0°增加到 5°时沉

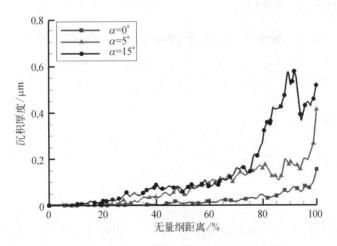

图 3 - 13　平板迎角对上表面沉积厚度的影响(截取位置 $Y=0$)

积厚度的增加较大,而从 5°增加到 15°时沉积厚度的增加较小。在平板后部 80% ~ 100%的范围内,随着迎角的不断增加,沉积厚度明显增加。原因在于平板迎角的变化不仅改变了上表面的微颗粒法向的接受面积,而且改变了尾缘处的流动结构,使得沉积厚度在上表面尾缘处的变化最为明显。

2) 数值模拟与实验对比分析

图 3 - 14 为数值模拟与实验[45]沉积率的对比情况。在平板前缘位置,随着迎角的增大,数值模拟结果的微颗粒沉积率略有下降但变化很小,与实验结果的沉积率变化基本一致。在平板压力面位置,随着迎角的增大,数值模拟结果的微颗粒沉积率有所上升,与实验结果的变化趋势一致。

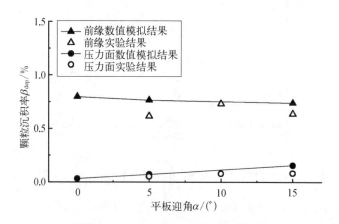

图 3 - 14　平板迎角对微颗粒沉积率的影响

3. 不同微颗粒粒径的影响

表 3 - 4 给出了不同微颗粒粒径时的主要计算条件。

表 3 - 4　不同微颗粒粒径时的主要计算条件

编　号	平板迎角	微颗粒平均粒径	有无气膜冷却
Case 1		8 μm	
Case 2	0°	16 μm	无气膜冷却
Case 3		32 μm	
Case 4		64 μm	

图 3 - 15 和图 3 - 16 为速度场计算结果。其中图 3 - 15 为平板前缘的流场分布,流场中驻点出现在平板前缘圆弧中部,空气沿圆弧绕流,速度最大值出现在圆

弧尾端;空气沿板绕流,在上下壁面均形成边界层,在流动方向越积越厚。图3-16为平板尾缘的流场分布。尾缘处出现低速区,气流在此处形成回流。

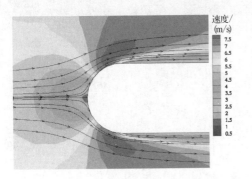

图 3-15　平板前缘的流场分布　　　　图 3-16　平板尾缘的流场分布

图 3-17 为平板上表面沉积量随时间变化的结果。由图中可以看出,在初始阶段,平板表面首先形成斑点状沉积,随着时间的增加,表面沉积物逐渐发展为带状,随后带状沉积物逐渐变宽,沉积量变大。上表面沉积物主要位于平板的中后部。

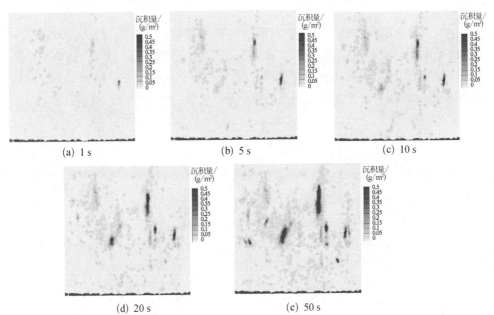

图 3-17　平板上表面沉积量随时间变化的结果

图 3-18 为平板头部的沉积厚度随时间变化结果。随着时间增加,粒子沉积厚度不断增长。平板前缘驻点区域的沉积厚度最大。从驻点开始向上下表面延

伸,沉积厚度逐渐减小。从沉积质量上看,平板前缘位置的沉积质量要远远大于平板表面。图 3-19 为不同粒径下的平板前缘沉积厚度对比。从图中可以看出,沉积厚度最大位于驻点区域。虽然在部分区域,小粒径的微颗粒沉积厚度较大,但从总体上看,随着粒径的增加平板前缘沉积厚度逐渐增加。

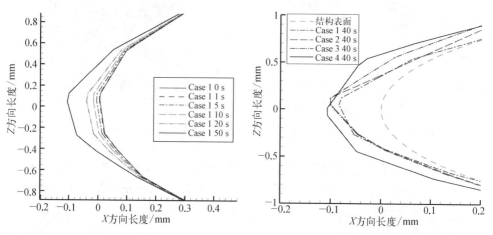

图 3-18　平板前缘沉积厚度随时间变化　　　图 3-19　不同粒径前缘沉积厚度对比

　　图 3-20 为不同粒径下平板上表面的沉积厚度对比。首先,沿平板表面的沉积厚度呈不均匀分布,其厚度处于微米量级,远远小于平板前缘;其次,随着粒径的增加,沉积厚度增加较大,大粒径的微颗粒沉积厚度要远远大于小粒径微颗粒。同时,沉积厚度较大的位置出现在平板的中后部。

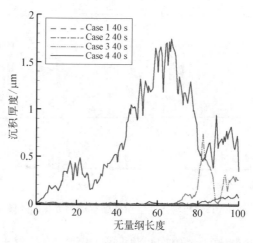

图 3-20　不同粒径平板上表面沉积厚度对比

4. 气膜冷却结构的影响

气膜冷却孔结构对于微颗粒沉积特性影响的计算条件见表 3-5,其他计算边界参数见表 3-1。

表 3-5　气膜冷却孔设置时的计算条件

编　号	有无气膜冷却	吹　风　比	微颗粒平均粒径	平　板　迎　角
1	无	—	15 μm	15°
2	有	1.5		

图 3-21 和图 3-22 分别为气膜冷却孔设置前后,上表面微颗粒沉积的分布情况。从图中可以看出,在设置气膜冷却孔之后,平板上表面的微颗粒沉积分布发生了明显变化。在无气膜冷却孔的表面,微颗粒沉积从上表面前部到中后部分布较为均匀,在平板中后部沉积量最大。在有气膜冷却孔的表面,沿气流方向,气膜孔下游的区域沉积量最大。在气膜孔下游壁面,出现带状沉积,并在上表面中部沉积量达到最大,随后逐渐降低。

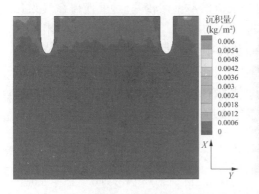

图 3-21　无气膜冷却孔上表面微颗粒沉积分布　　图 3-22　有气膜冷却孔上表面微颗粒沉积分布

进一步,定量分析上表面气膜冷却孔设置对于微颗粒沉积的影响。图 3-23 给出中间截面处($Y=0$)的沉积厚度变化情况。从图中可以看出,在气膜孔上游壁面,由于受冷却气流影响较小,微颗粒沉积厚度几乎一致;在气膜孔下游的区域,有气膜孔的表面沉积厚度迅速增大,在沿流向无量纲长度为 35% 处达到最大,随后沉积厚度逐渐降低,而在没有气膜孔的表面,沉积厚度在气膜孔下游的区域基本不变。在无量纲长度为 80% 以后的区域,无气膜孔和有气膜孔的微颗粒沉积厚度又趋于一致。由上述分析可知,气膜冷却孔的设置对于上表面微颗粒沉积有明显的增大作用,且影响覆盖范围大致分布在沿上表面流向的 30%~80% 区域内。

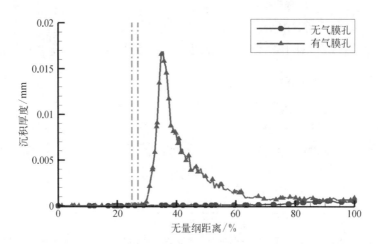

图 3 - 23   气膜冷却孔设置对于上表面微颗粒沉积厚度的影响

接下来分析气膜冷却孔对于微颗粒沉积特性的影响机理。首先,图 3 - 24 为气膜孔中心截面的速度分布。从图中可以看出,在吹风比为 1.5 时,冷却气流的射入与主流进行掺混,在气膜孔下游形成了掺混区。同时,在当前气膜孔入射角度(45°)和吹风比($M = 1.5$)的情况下,气膜孔下游出现了分离涡,说明此时的射流动量较大,主流对射流的压制性较弱导致冷却气流的贴壁性较差,这就使得在气膜孔下游部分区域会存在主流与冷气气流在近壁面的掺混。其次,图 3 - 25 给出了气膜孔下游 $X/D = 1.0$ 处的温度及流线分布,从图中可以看出,在气膜冷却射流两侧形成对涡,这是由于射流的卷吸作用而产生的。在射流卷吸作用的带动下,主流进入射流底部,导致冷热气流的掺混,而主流中含有的微颗粒物会随着主流一起在卷吸作用下被输运到近壁面,导致气膜孔下游近壁面附近的微颗粒浓度不断升高,从而发生微颗粒的大量沉积。

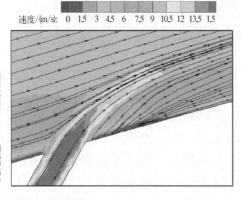

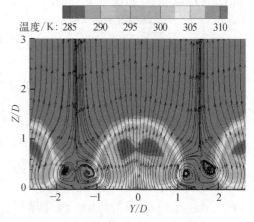

图 3 - 24   气膜孔中心截面速度分布($Y = 0$)   图 3 - 25   气膜孔下游温度及流线分布($X/D = 1.0$)

5. 冷却气流吹风比的影响

通过改变冷气的进口流量,对 4 种不同吹风比情况下的石蜡微颗粒沉积特性进行了数值模拟,对应吹风比范围为 0.5~2.0。表 3-6 给出了不同吹风比时的计算条件。

表 3-6　不同吹风比时的计算条件

编　　号	吹　风　比	微颗粒平均粒径	平板迎角
1	0.5		
2	1.0	15 μm	15°
3	1.5		
4	2.0		

图 3-26 给出了不同气膜冷却吹风比时气膜孔中心截面的速度分布。可以看出,随着吹风比的增大,冷气射流在气膜孔出口的速度不断增大,从而导致射流的贴壁性不断变差。当吹风比为 0.5 时,射流出口速度小于主流速度,射流的出口动量较小,从而使得射流被迅速压制,冷气射流速度方向在气膜孔下游改变较快,基

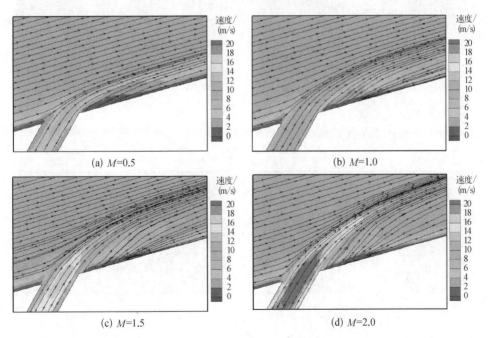

图 3-26　不同吹风比时气膜孔中心截面速度分布(Y=0)

本与主流方向一致,冷气的贴壁性较好。当吹风比增大为 1.0 时,射流出口的速度与主流速度相当,冷气射流速度方向在气膜孔下游并未迅速改变,气流沿流向转折流动一段距离之后,最终与主流方向一致。在沿平板表面的法向,冷气对流场的影响区域有所扩大。当吹风比为 1.5 时,射流出口速度大于主流速度,冷气射流出口动量较大,气膜孔下游出现了分离涡,冷气射流冲入主流在气膜孔下游的壁面上方掺混。当吹风比为 2.0 时,射流出口速度远大于主流速度,流动结构与吹风比为 1.5 时相似,此时射流出口的动量更大,射流的贴壁性最差。

图 3 - 27 给出了不同气膜冷却吹风比时气膜孔下游 $X/D=1.0$ 处的温度及流线分布。随着气膜冷却吹风比的变化,气膜孔下游靠近壁面附近的温度及流动发生了变化。当吹风比为 0.5 时,从气膜对温度的影响范围看,在高度上处于 $Z/D=1.0$ 附近,而在展向上 Y/D 为 $-1\sim1$,在孔与孔之间存在高温区。从流动结构上看,气膜孔两侧未出现对涡。当吹风比增大到 1.0 时,温度的影响范围在壁面法向有所增加,而在展向覆盖的区域不变,由于射流出口动量的增加,气膜孔两侧有出现对涡的趋势。当吹风比增大到 1.5 时,沿壁面法向冷气影响的范围变化不大,但是

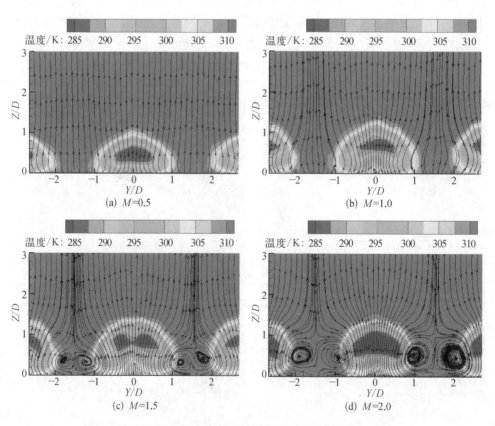

图 3 - 27   不同吹风比时气膜孔下游温度及流线分布 ($X/D=1.0$)

在靠近壁面附近($Z/D=0$)的温度有所上升,这说明射流的贴壁性变差。同时,气膜孔两侧出现对涡,其影响范围可到$Z/D=0.6$处。当吹风比增大到2.0时,在展向覆盖的区域减小到$Y/D=1$以内,气膜的覆盖范围变小。同时,气膜孔两侧出现对涡,与吹风比为1.5时相比,其影响范围升高到$Z/D=1.0$处。随着吹风比的增大,冷热气流扩散的区域会增大,出口射流的冷却能力是增大的。但由于高吹风比对应较大的冷气出口动量,使得射流贴壁性差,甚至与壁面脱离,在一定程度上降低对壁面的冷却效果,可见在主流来流确定的情况下,选择合适的吹风比有利于实现叶片表面冷却温度要求和节省冷气量的平衡。

图3-28为不同吹风比时平板上表面微颗粒沉积分布情况。随着吹风比的变大,微颗粒在平板上表面气膜孔下游的区域沉积量逐渐变大。当吹风比为0.5时,沿平板上表面前部没有明显的微颗粒沉积。在气膜孔下游区域开始出现少量的微颗粒沉积。同时,在整个气膜覆盖区域及下游的分布较为均匀,均匀的沉积一直延续到平板的中后部,在平板尾部出现了沉积量较大的区域。当吹风比为1.0时,在气膜孔下游区域开始出现明显的带状微颗粒沉积。沿着流向,在气膜孔下游沉积量先增大,后减小,并一直延伸到平板的中后部逐渐演变为较为均匀的沉积层。与吹风比为0.5相比,在平板中后部沉积量减小。沿着展向,沉积物主要集中在平板

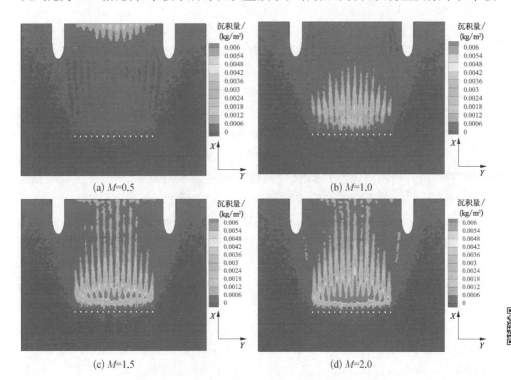

(a) $M=0.5$　　　　　　　　　　　　(b) $M=1.0$

(c) $M=1.5$　　　　　　　　　　　　(d) $M=2.0$

图3-28　不同吹风比时平板上表面微颗粒沉积分布

气膜孔下游的中心区域,从中间向平板两侧延伸,微颗粒的沉积量逐渐减小。当吹风比增加到 1.5 时,气膜孔下游区域的带状沉积量增加,同时带状沉积的范围一直延伸到平板尾部。在吹风比为 2.0 时,气膜孔下游的沉积量最大,但沉积分布的变化规律与吹风比为 1.0 和 1.5 时基本一致。

　　接下来对不同吹风比时微颗粒沉积的分布变化规律进行总结分析。第一,随着吹风比的增大,气膜孔下游区域的沉积量增加。结合不同吹风比下的流动情况分析,随着吹风比的增加,气膜冷却射流的出口动量不同。在吹风比为 0.5 时,冷气的贴壁性较好,在气膜孔下游未形成卷吸涡,此时冷却气流可以将平板表面与主流有效隔离,使得主流中的微颗粒不易到达平板表面。同时,贴壁的冷却气流对于近壁面的微颗粒也存在一定的吹拂作用,所以使得气膜孔下游部分区域的微颗粒沉积有所减少。当吹风比增大时,冷却射流的贴壁性变差,同时在大吹风比时形成了卷吸涡,就使得气膜孔下游的区域沉积量明显增加。第二,沿着平板展向区域,沉积物主要集中在气膜孔对应的范围,即平板的中间区域,在平板展向两侧沉积量较小,这是因为气膜冷气的存在对平板展向流场造成了明显影响。第三,微颗粒沉积主要发生在气膜孔下游的区域,对气膜孔前的影响不大。结合图 3-26 的速度场分析,因为顺气流吹气时,吹风比的改变对气膜孔前方的流动影响的效果十分有限,因此在气膜孔前的区域沉积量基本不变。

　　进一步,定量分析吹风比对于微颗粒沉积的影响。图 3-29 给出了不同吹风比情况下中间截面处($Y=0$)的沉积厚度变化情况。从图中可以看出,在吹风比为 0.5 时,微颗粒在平板表面沉积厚度很小,在气膜孔下游区域向尾缘延伸,沉积厚度基本不变,直到无量纲长度 80% 时厚度开始略微增大,在尾缘位置的厚度最大,此时气膜冷却对微颗粒沉积的影响最小。当吹风比增加到 1.0 时,气膜孔下游的区域出现了较为明显的沉积厚度增加,厚度的极大值出现在无量纲长度 45% 附近,之后沉积厚度逐渐减小;在无量纲长度 80% 以后的区域,其沉积厚度略低于吹风比 0.5 时的厚度。当吹风比为 1.5 时,气膜孔下游的沉积厚度极大值位于无量纲长度的 35% 附近,同时厚度的绝对值与吹风比为 1.0 时相比增加了三倍,结合前面所述,分析认为沉积厚度的增大主要受到冷却射流与主流相互作用形成的卷吸效应引起,从图 3-27 可知,在吹风比为 1.5 时气膜孔下游区域出现了对涡,这在吹风比 1.0 时并未出现,所以使得沉积厚度的最大值增加较多。当吹风比为 2.0 时,气膜孔下游的沉积厚度最大值位于无量纲长度的 30%~35%,与吹风比 1.5 时相比略微前移,同时最大值增加了约 1.7 倍,这是因为在吹风比为 2.0 时射流出口的动量更大,气膜孔下游的对涡影响范围继续扩大,导致沉积的最大值位置略微提前并且厚度值上升。对比不同吹风比下的沉积厚度,吹风比越大,在气膜孔下游的厚度极大值越大。除吹风比 0.5 以外,其他吹风比下气膜孔下游的区域均出现了沉积厚度先增加后减小的情况。

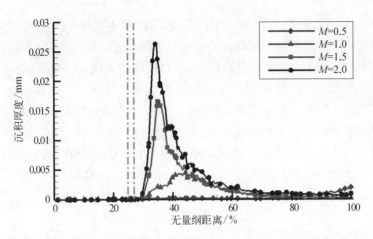

图 3-29　气膜冷却吹风比对上表面沉积厚度的影响(截取位置 $Y=0$)

6. 不同气膜冷却横向槽结构的影响

通过前面的数值研究可以发现,在平板表面设置气膜冷却孔后,由于射流卷吸作用,使得微颗粒物被输运到近壁面,导致气膜孔下游发生明显的微颗粒沉积。考虑到微颗粒尺寸较小,随流性较好,可以通过改变结构表面附近局部的流动结构,进而改变到达结构表面附近微颗粒的运动轨迹,避免或推迟其撞击结构表面,从而减少微颗粒在结构表面的沉积量。因此,在原有典型圆柱气膜孔的基础上进行开槽结构设计,希望通过横向槽结构对近壁面冷气流动进行控制,提高冷却射流的贴壁性,从而抑制卷吸作用,最终达到减少微颗粒沉积的目的。

首先,给出一个基准的横向槽结构,通过数值模拟研究横向槽结构设置前后,气膜冷却表面的微颗粒沉积变化情况,分析横向槽对于微颗粒沉积的影响机理。图 3-30 给出开槽气膜结构在孔中心截面的示意图,本节中所有开槽均为展向槽,结构如图 3-31 所示。

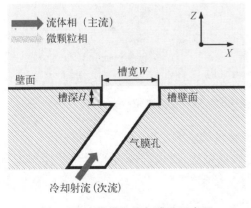

图 3-30　带槽结构气膜孔示意图　　　　图 3-31　气膜冷却平板结构图

  其次,通过改变槽的宽度 W 和槽的深度 H,获得不同尺寸的横向槽,用以研究不同开槽尺寸对于微颗粒沉积特性的影响。不同尺寸的横向槽结构的设置方法如图 3－32 所示。为了方便后面的讨论,本节将横向槽宽度和深度表示成"$W×H$"的形式,例如"$2.0D×0.75D$"就表示开槽宽度为 $2.0D$、开槽深度为 $0.75D$,其中"D"表示气膜冷却孔直径。若未特殊说明,本节所有开槽结构平板的名称均以类似方法表示。本节共设置了 5 种开槽结构,以 $2.0D×0.75D$ 结构为基准,其中 $1.5D× 0.75D$、$2.0D×0.75D$、$2.5D×0.75D$ 三种结构用以研究不同横向槽宽度对于微颗粒沉积的影响;$2.0D×0.5D$、$2.0D×0.75D$、$2.0D×1.0D$ 三种结构用以研究不同横向槽深度对于微颗粒沉积的影响。

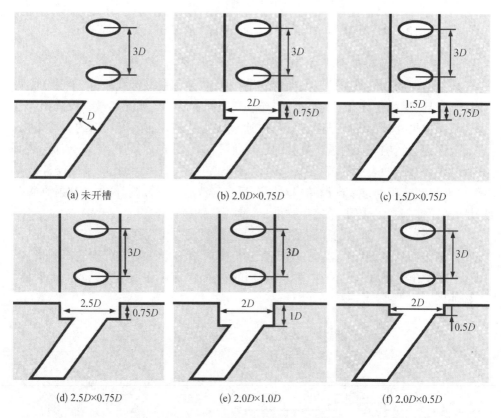

(a) 未开槽   (b) 2.0D×0.75D (c) 1.5D×0.75D

(d) 2.5D×0.75D (e) 2.0D×1.0D (f) 2.0D×0.5D

图 3－32　不同横向槽结构设置方法

  1) 气膜孔横向槽设置对微颗粒沉积特性的影响

  通过设置典型尺寸的横向槽来改变表面结构,对横向槽设置前后的模型进行数值模拟,并对数值结果进行对比分析。表 3－7 给出了横向槽设置时的计算条件。

表 3-7　横向槽设置时的计算条件

编　号	横向槽深度 H/D	横向槽宽度 W/D	吹风比	迎　角	微颗粒平均粒径
1	0.0	0.0	1.5	15°	15 μm
2	0.75	2.0			

图 3-33 和图 3-34 分别给出了横向槽设置前后,上表面微颗粒沉积的分布情况。在无横向槽的平板表面,沿气流方向,在气膜孔下游区域出现带状沉积,在上表面中部沉积量达到最大,随后逐渐降低;沿平板展向,沉积物在气膜孔下游,平板中部区域连成一片,沉积量均处于较高水平。在设置横向槽后,上表面微颗粒的沉积量有所减少,但总体分布与无横向槽结果相似。沉积量的减少主要体现在两个方面:其一,沿气流方向,气膜孔下游的相应位置沉积量最大值有所降低。其二,沿平板展向,平板中部的沉积聚集区形成了间隔,使得微颗粒在平板表面的沉积覆盖面积有所减少。从沉积分布结果定性分析,气膜孔设置横向槽可以有效减少微颗粒在气膜孔下游的表面微颗粒沉积。同时,在气膜孔前和横向槽内也不会形成大量微颗粒沉积和聚集现象。

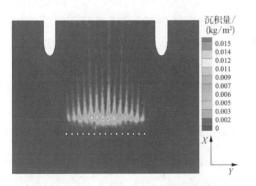

图 3-33　无横向槽表面沉积分布

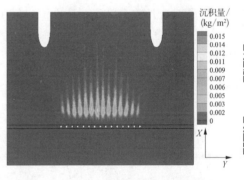

图 3-34　设置横向槽后表面沉积分布

进一步,定量分析横向槽设置对于微颗粒沉积的影响。图 3-35 给出了孔与孔之间截面($Y=1.5D$)和孔中心截面处($Y=0$)的沉积厚度变化情况。从图中可以看出,不同截面处的微颗粒沉积厚度在设置横向槽后,最大厚度均有降低。对于孔与孔之间截面,在无量纲长度 35% 位置处,微颗粒沉积厚度最大值降低约 20%,同时,在无量纲长度的 35%~40% 范围内,其厚度值均有所降低;对于气膜孔前及无量纲长度 40% 之后的范围,横向槽设置前后的沉积厚度变化不大。对于孔中心截面,在无量纲长度 35% 位置处,微颗粒沉积厚度最大值降低约 80%,同时,在无量纲长度的 30%~40% 范围内,其厚度值均处于较低水平;对于气膜孔前及无量纲长度 40% 之后的范围,横向槽设置前后的沉积厚度亦基本不变。从沉积厚度对比发现,横向槽在当前工况下可以在一定程度上减缓微颗粒在平板上表面气膜孔下游位置的沉积。

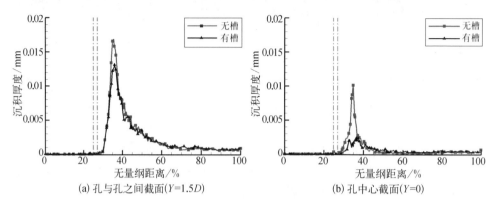

图 3-35　气膜冷却孔设置对于上表面微颗粒沉积厚度的影响

接下来分析横向槽设置对于微颗粒沉积的影响机理。

首先,图 3-36 给出了气膜孔中心 $X/D=0$ 处的温度及流线分布,可以看出,在未开槽的气膜孔出口,冷却气流由于具有较大的出口动量,会直接冲入主流;在开槽的气膜孔出口,部分冷却气流会沿展向在槽内延伸而不是直接冲入主流进行掺混,这是因为开槽后冷气射流在流出气膜孔进入横向槽后,射流流通面积的突然扩大使其动量降低,因而冷却气流向主流的垂直穿透能力也随之降低,从而使得冷却气流的贴壁性有所增强。

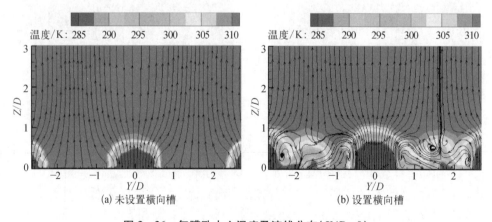

图 3-36　气膜孔中心温度及流线分布($X/D=0$)

其次,图 3-37 给出了横向槽 1/2 高度截面处的流动情况。从图中可以发现,冷却气流在横向槽内产生一对向两侧伸展的涡系结构,将冷却气流往孔与孔之间拉伸,提高了冷却气流展向的扩展能力。

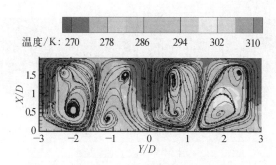

图 3 - 37　横向槽 1/2 高度截面温度及流线图

再次,图 3 - 38 给出了气膜孔下游 $X/D=1.0$ 处的温度及流线分布,在气膜冷却射流两侧由于其卷吸作用形成的对涡结构在有横向槽存在时消失或减弱,分析认为,卷吸作用是造成微颗粒沉积的一个主要诱因,而横向槽的存在使得出口射流动量降低,从而有效地避免或减弱了冷却射流的卷吸作用,使得微颗粒沉积量有所降低。

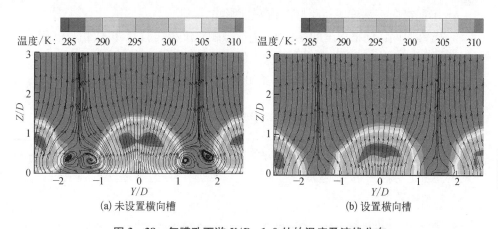

(a) 未设置横向槽　　　　　　　　　　　(b) 设置横向槽

图 3 - 38　气膜孔下游 $X/D=1.0$ 处的温度及流线分布

最后,图 3 - 39 为气膜孔之间的截面速度分布。可以看到,在未开槽的平板气膜孔下游孔与孔之间的位置,由于射流的卷吸作用有贴近壁面的趋势,所以主流中携带的微颗粒物会被输运到平板表面;对于开槽结构,冷却气流从孔与孔之间的位置射出,对主流形成了一定的遮挡,同时在气膜孔下游孔与孔之间的位置形成吹拂和保护作用,在一定程度上抑制了微颗粒被主流输运到达壁面,从而有效降低了孔与孔之间位置的沉积量。

综上分析,认为横向槽可以降低气膜冷却表面的微颗粒沉积。主要表现在两方面:其一,横向槽扩大了气膜孔出口的流通面积,可以有效降低出口冷却射流的动量,从而提高冷却气流的贴壁性,减弱其与主流的掺混及卷吸,有效减少微颗粒

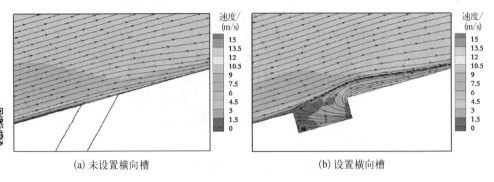

(a) 未设置横向槽　　　　　　　　　(b) 设置横向槽

图 3-39　气膜孔之间的截面速度分布($Y = 1.5D$)

被气流输运至壁面;其二,横向槽下缘的垂直固壁在一定程度上阻碍了冷却气流的流动,使部分冷却气流向两侧,并从槽内射出,对气膜孔下游孔与孔之间的位置形成有效保护,冷却气流的吹拂作用阻碍了微颗粒向近壁面的运动,从而减少相应位置的微颗粒沉积。

2) 不同横向槽深度对于微颗粒沉积的影响

首先,在不同横向槽深度的条件下,进行微颗粒沉积实验,获得微颗粒沉积量及其分布的变化规律;其次,进行相应情况下的微颗粒沉积数值模拟,分析横向槽深度对于微颗粒沉积的影响机理。表 3-8 给出了不同横向槽深度时的计算条件。

表 3-8　不同横向槽深度时的计算条件

编　号	横向槽深度 H/D	横向槽宽度 W/D	吹风比	迎　角	微颗粒平均粒径
1	0.50	2.0			
2	0.75	2.0	1.5	15°	15 μm
3	1.00	2.0			

图 3-40 为不同横向槽深度时平板上表面微颗粒沉积分布情况。随着开槽深度的增加,微颗粒在平板上表面气膜孔下游区域的沉积量逐渐减小。在沿气流方向,随着开槽深度的增加,在气膜孔下游的区域沉积量不断减少,同时带状的沉积物的覆盖长度不断减小;沿平板展向,随着开槽深度的增加,带状沉积物的宽度不断变窄,微颗粒沉积的覆盖面积有所降低。

图 3-41 给出了不同开槽深度时孔与孔之间截面($Y = 1.5D$)和孔中心截面处($Y = 0$)的沉积厚度变化情况。对于孔与孔之间截面,沉积厚度的最大值随着槽深的增加逐渐减小。当开槽深度从 $0.5D$ 增加到 $0.75D$ 时,沉积厚度最大值降低约

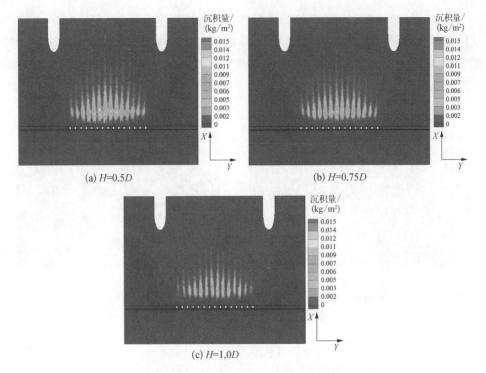

图 3-40 不同横向槽深度时平板上表面微颗粒沉积分布

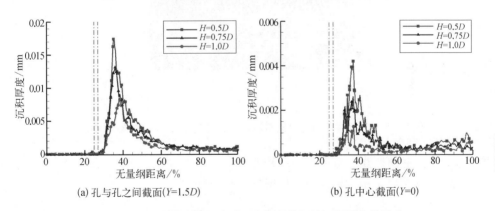

(a) 孔与孔之间截面(Y=1.5D)   (b) 孔中心截面(Y=0)

图 3-41 不同横向槽深度对于上表面微颗粒沉积厚度的影响

20%,同时,在无量纲长度的 35%~60% 范围内,沉积厚度均有所降低。当开槽深度增加到 1.0D 时,沉积厚度的最大值出现的位置沿平板流向向后推移约无量纲长度的 5%,沉积厚度最大值与 0.75D 时相比继续降低,同时,沿流向厚度降低的范围扩大到无量纲长度的 80% 附近。对于孔中心截面,沉积厚度随着槽深的增加逐渐减小。尤其是开槽深度为 1.0D 时,从无量纲长度的 40% 位置开始,沉积厚度基本处于较低水平。

图 3-42 给出了不同横向槽深度时气膜孔下游温度及流线分布($X/D=1.0$)，从图中可以看出，随着开槽深度的增加，冷却气流沿展向的扩散程度不断增强。沿展向的扩散增强会导致冷却射流出口流向主流的垂直穿透能力不断降低，从而使冷却气流的贴壁性不断增强，有效减少微颗粒被气流输运至壁面。

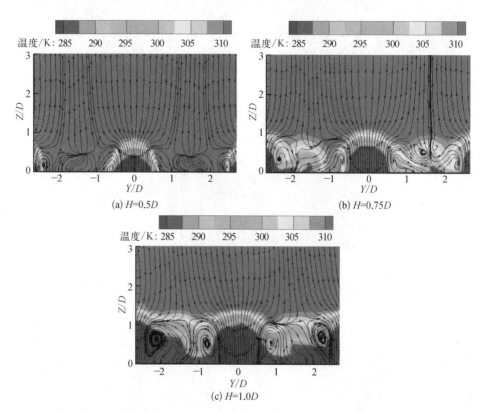

图 3-42　不同横向槽深度时气膜孔下游温度及流线分布($X/D=1.0$)

3）不同横向槽宽度对微颗粒沉积的影响

表 3-9 给出了不同横向槽宽度时的计算条件。

表 3-9　不同横向槽宽度时的计算条件

编　号	横向槽深度 H/D	横向槽宽度 W/D	吹风比	迎　角	微颗粒平均粒径
1	0.75	2.5			
2	0.75	2.0	1.5	15°	15 μm
3	0.75	1.5			

　　图 3‑43 为不同横向槽宽度时平板上表面微颗粒沉积分布情况。随着开槽宽度的减小,微颗粒在平板上表面气膜孔下游区域的沉积量逐渐减小。在沿气流方向,随着开槽宽度的减小,在气膜孔下游的区域沉积量有所减少;沿平板展向,随着开槽宽度的减小,带状沉积物的宽度不断变窄,微颗粒沉积的覆盖面积有所降低。

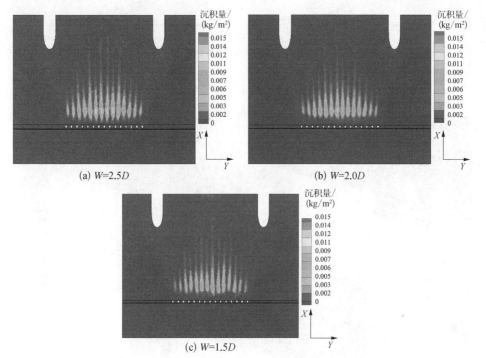

图 3‑43　不同横向槽宽度时平板上表面微颗粒沉积分布

　　图 3‑44 给出了不同开槽宽度时孔与孔之间截面($Y=1.5D$)和孔中心截面处($Y=0$)的沉积厚度变化情况。对于孔与孔之间截面,沉积厚度的最大值随着槽宽的减小逐渐减小,同时在气膜孔后沉积迅速增加的起始位置也相应推后,从无量纲长度的 25% 推后到无量纲长度的 30%。

　　结合图 3‑45 孔与孔之间的截面速度分布情况,可以发现随着开槽宽度的减少,孔与孔之间位置的冷却气流形成的保护效果越来越强,从而使得沉积厚度降低。对于孔中心截面,随着开槽宽度的减小,沉积厚度的最大值有所降低,但沉积迅速增加的起始位置有所提前。同时,在无量纲长度 50% 过后的区域,随着开槽宽度的减小,沉积厚度略有增加但幅度不大。分析认为,随着开槽宽度的增加,气膜孔出口的流通面积增加,冷却射流的出口动量降低使得冷气的贴壁性增强,才使得微颗粒沉积厚度在无量纲长度的 50% 以后区域随着开槽宽度的增加而减小。

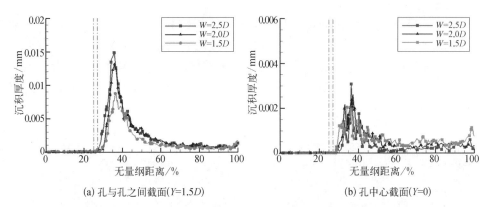

(a) 孔与孔之间截面(Y=1.5D)   (b) 孔中心截面(Y=0)

图 3-44   不同横向槽宽度对于上表面微颗粒沉积厚度的影响

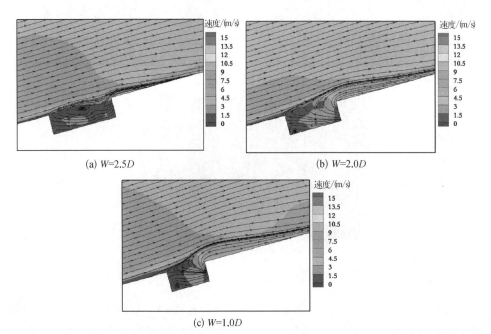

(a) W=2.5D (b) W=2.0D

(c) W=1.0D

图 3-45   不同开槽宽度时气膜孔与孔之间的截面速度分布(Y=1.5D)

4）横向槽尺寸对沉积的影响规律总结

为了进一步评价不同横向槽结构对于微颗粒沉积量的影响,定义沉积质量降低率 γ_{reduce},其表达式如下:

$$\gamma_{\text{reduce}} = \frac{m_{\text{no trench}} - m_{\text{with trench}}}{m_{\text{no trench}}} \qquad (3-16)$$

式中,$m_{\text{no trench}}$ 为未设置横向槽时的微颗粒沉积质量;$m_{\text{with trench}}$ 为设置横向槽后的微颗粒沉积质量。

同时,定义横向槽的深宽比 C_{hw} 如下:

$$C_{hw} = \frac{H}{W} \qquad\qquad (3-17)$$

式中,H 为横向槽深度;W 为横向槽宽度。

由此可见,深宽比是一个与气膜孔直径无关的无量纲参数,通过控制深宽比,可以得出不同横向槽的设计结构。

表 3-10 总结了不同横向槽深宽比时微颗粒沉积质量的降低率。可以看出,在变化趋势上,随着深宽比的增加,微颗粒的沉积质量降低率增加。从定量角度看,在当前吹风比($M=1.5$)和气膜孔角度($45°$)下,当横向槽深宽比小于 0.3 时,横向槽对于微颗粒沉积的抑制效果不明显,平板表面微颗粒沉积质量的降低率均在 6% 以下;在深宽比大于 0.3 以后,微颗粒沉积质量的降低率迅速上升,横向槽对于抑制微颗粒沉积的效果开始变得明显。在深宽比为 0.5 时,微颗粒沉积质量的降低率可以达到约 26%。从抑制或减少微颗粒沉积的角度出发,实际涡轮叶片气膜孔横向槽在设置时应取较大的深宽比,从而获得较好的抑制沉积的效果,尺寸设计时要考虑实际气膜孔的直径和叶片壁厚的结构强度限制,对于不同气冷叶片的横向槽设置可能存在最优的结构尺寸。

表 3-10　不同横向槽深宽比对微颗粒沉积质量的影响

编　号	横向槽深度	横向槽宽度	深　宽　比	微颗粒沉积质量降低率/%
1	0.5D	2.0D	0.25	3.45
2	0.75D	2.5D	0.3	5.96
3	0.75D	2.0D	0.375	19.2
4	0.75D	1.5D	0.5	25.5
5	1.0D	2.0D	0.5	26.2

综上,讨论了不同横向槽深度、宽度条件下的微颗粒沉积特性,阐述了不同结构对其特性的影响机理,为开展高温条件下的槽结构设计方法研究以及发动机涡轮叶片微颗粒防沉积结构提供参考。

3.4.2　高温气冷涡轮导向叶片表面微颗粒沉积数值计算

1. 计算模型及边界条件

1) 计算域

图 3-46 为计算域示意图,计算域进口为 0.1 m×0.1 m 的正方形,叶片前缘距

离进口截面 0.086 m，叶片具有一定的迎角，如图 3-46 中为 25°。冷却气流入口位于计算域上壁面处，所有的冷却气流均从叶片表面的气膜孔排出，叶片与下壁面无间隙。为了防止出口回流对于流场计算的影响，计算域出口沿流向适当延长，出口距叶片尾缘的距离约为 0.080 m。

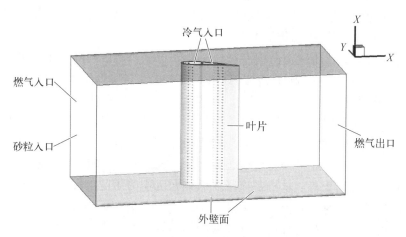

图 3-46　计算域示意图

2) 计算方法

针对稀疏两相流动特征，不考虑微颗粒之间的碰撞以及微颗粒对于气相流动的影响，采用欧拉-拉格朗日方法实现两相流动的模拟。对于微颗粒在叶片表面的沉积模拟在 ANSYS Fluent 计算平台完成。针对气相湍流计算采用低雷诺数 SST $k-\omega$ 模型，使用 SIMPLE 算法进行非定常计算，各物理量的离散格式均为二阶离散格式。

由于叶片的高温环境，还应考虑固体和流体之间的气热耦合问题。对于气热耦合换热问题，一般分成两个计算区域：流体区域与耦合传热的固体区域。在流体域，求解速度、温度、压力等流体参数，其方法如前所述；在固体域，求解固体温度，通过固体与流体之间接触的区域实现能量在固体与流体之间的传递。热耦合计算方法是在流固交界面保证温度与热流量连续的条件下，分别对固体区域和流体采用单独的求解器进行求解。计算中流体和固体的耦合是通过在固体与流体交界面上的反复迭代来实现的。计算中流体和固体在耦合面上要满足连续性边界条件，即

$$T_{\text{solid}} = T_{\text{fluid}} \tag{3-18}$$

$$\lambda_{\text{fluid}} \left. \frac{\partial T}{\partial n} \right|_{\text{fluid}} = \lambda_{\text{solid}} \left. \frac{\partial T}{\partial n} \right|_{\text{solid}} \tag{3-19}$$

计算不需要给定叶片表面的热流、定温、绝热等边界条件,如图 3-47 所示,叶片与流场的交界面是一个面 Γ,在计算过程中将其视为两个完全重合的面,一个面属于固体一侧 Γ_b,一个面属于流体一侧 Γ_a,在这两个面之间满足连续性边界条件来实现气热耦合,气热耦合计算过程如下:

(1) 在耦合界面上假定一个温度分布,计算流体域的控制方程,得到 Γ_a 热流密度的值;

(2) 应用式(3-18),将 Γ_a 的热流密度赋给 Γ_b,求解导热方程,获得 Γ_b 的温度;

(3) 应用式(3-19),将 Γ_b 的温度赋给 Γ_a,重复上述过程并迭代计算,直到收敛为止。

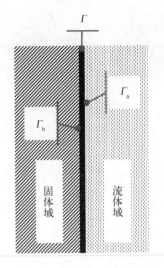

图 3-47　耦合界面示意图

3) 边界条件

在计算中,入口边界为质量流量入口,入口总压为 385 kPa,入口流量为 0.47 kg/s,进口温度呈不均匀分布,中心存在热斑。出口边界为压力出口,出口静压为 360 kPa。外壁面为绝热壁面,冷气入口为质量流量入口,入口总温 358 K,冷却腔 I 的流量为 0.334 kg/min,冷却腔 II 的流量为 0.280 kg/min。

气体物性为可压缩理想气体,同时由于冷气与主流燃气温差较大,对于气体的黏性系数 μ、比定压热容 c_p 及导入系数 k 需要考虑温度变化给定。其中,黏性系数采用萨瑟兰公式(Sutherland law)计算:

$$\mu = \mu_0 \left(\frac{T}{T_0} \right)^{3/2} \left(\frac{T_0 + S}{T + S} \right) \tag{3-20}$$

式中,$\mu_0 = 1.71 \times 10^{-5}$ Pa·s; $T_0 = 273.11$ K; $S = 110.56$ K。

比定压热容和导热系数计算式如下:

$$c_p = \frac{1}{2} \frac{R}{M_w} (f + 2) \tag{3-21}$$

$$k = \frac{15}{4} \frac{R}{M_w} \mu \left(\frac{4}{15} \frac{c_p M_w}{R} + \frac{1}{3} \right) \tag{3-22}$$

式中,R 为气体常数;M_w 为气体的摩尔质量;f 为自由度(本书取 $f = 0.0$)。

固体域材料为 4169 牌号镍基高温合金,材料密度为 8 240 kg/m³,其导热系数 k 和比定压热容 c_p 随温度变化如表 3-11 所示。

表 3 - 11   固体域材料属性

材料温度 T_θ/K	导热系数 $k/[\text{W}/(\text{m}\cdot\text{K})]$	比定压热容 $c_p/[\text{J}/(\text{kg}\cdot\text{K})]$
573	17.8	481.4
673	18.3	493.9
773	19.6	514.8
873	21.2	539.0
973	22.8	573.4
1 073	23.6	615.3
1 173	27.6	657.2
1 273	30.4	707.4

粒子密度为 2 650 kg/m^3,熔化温度为 1 880 K,砂粒比定压热容取 730 J/(kg·K)。粒子喷射区域为燃气入口截面,质量流量为 4×10^{-3} kg/s(对应体积浓度为 2.83×10^{-6})。进口粒子平均直径为 8 μm,其微颗粒斯托克斯数 St 约为 0.150,粒子分布使用 Rosin-Rammler 分布。计算碰撞反弹时需要先给定微颗粒的黏性系数随温度的变化情况,计算所用标准砂的黏性系数随温度变化的计算公式如下:

$$\lg\left(\frac{\mu_p}{T_p}\right) = A + \frac{10^3 B}{T_p} \tag{3-23}$$

式中,μ_p 为微颗粒黏性系数;T_p 为微颗粒温度;A、B 分别是与微颗粒化学成分相关的常数,计算所用砂粒化学组分依据 ISO12103 粉尘实验标准砂粒的成分设置。其中,$A = -6.8$,$B = 26.7$。

叶片表面微颗粒沉积模拟的主要计算条件如表 3 - 12 所示。

表 3 - 12   叶片表面微颗粒沉积模拟的主要计算条件

参 数 名 称	数 值
主流燃气压力	385 kPa
主流燃气流量	0.47 kg/s
冷却气流温度	358 K
冷却腔 I 冷气质量流量	0.334 kg/min

续 表

参 数 名 称	数 值
冷却腔Ⅱ冷气质量流量	0.280 kg/min
砂粒平均粒径	8 μm
砂粒喷射时间	5 s
砂粒喷射总质量	20 g

4）网格划分及无关性分析

计算域划分采用四面体网格,并在流体域贴近壁面的区域生成边界层对其进行加密,边界层层数为 11 层,伸展比为 1.1。图 3-48、图 3-49 和图 3-50 分别展示了叶片表面和整个计算域的网格划分细节。

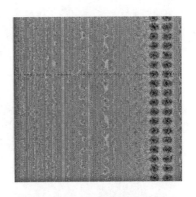

图 3-48 叶片压力面网格划分　　图 3-49 叶片吸力面网格划分

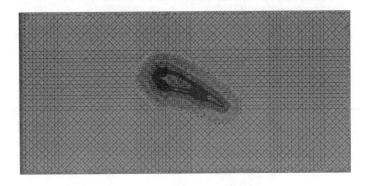

图 3-50 计算域中截面网格划分

在进行网格无关性验证时,分别给出了三种数目大小的网格,其网格数目如表 3-13 所示。

表 3–13   网格无关性验证数目

	网格 1	网格 2	网格 3
固体域网格数	645 万	1 413 万	2 122 万
流体域网格数	1 027 万	2 551 万	3 535 万
整体网格数	1 672 万	3 964 万	5 657 万

2. 不同主流温度的影响

1）数值结果

不同主流燃气的入口边界条件如图 3–51 所示,三种工况下对应的燃气平均温度分别为 1 250 K、1 518 K 和 1 626 K,不同主流燃气温度对微颗粒沉积影响的计算条件如表 3–14 所示。

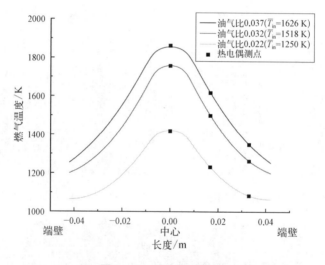

图 3–51   进口温度分布

表 3–14   不同主流燃气温度对微颗粒沉积影响的计算条件

编　　号	主流燃气平均温度	叶片迎角	微颗粒喷射总量
1	1 250 K		
2	1 518 K	25°	20 g
3	1 626 K		

图 3–52 给出了来流平均燃气温度为 1 626 K 时,不同网格数时叶片压力面中

间叶高处的表面温度变化曲线。可以看出,网格数目从 3 964 万增加到 5 657 万时,计算结果已经较为接近。因此,可以认为选择网格数目为 3 964 万已经满足网格无关性条件。

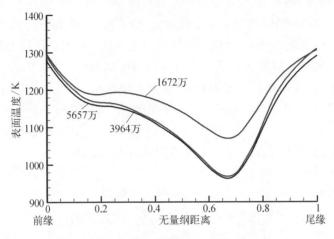

图 3 - 52　不同网格数目压力面温度对比

图 3 - 53 给出了不同主流燃气温度时叶片压力面的微颗粒沉积分布情况。从图中可以看出,随着主流燃气温度的增加,叶片压力面微颗粒沉积的分布区域明显变大。在主流平均温度为 1 250 K 时,沿叶高方向,压力面中间叶高区域形成一层

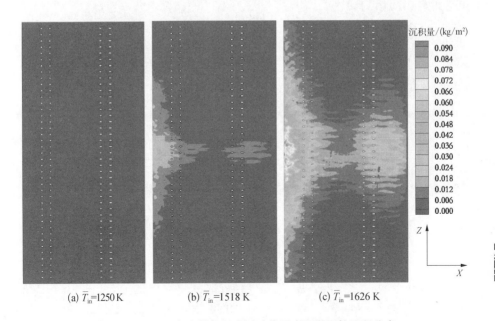

(a) $\overline{T}_{in}=1250\,K$　　　　(b) $\overline{T}_{in}=1518\,K$　　　　(c) $\overline{T}_{in}=1626\,K$

图 3 - 53　不同主流燃气温度时叶片压力面微颗粒沉积分布

较小的沉积层,在叶顶和叶根区域的沉积量很小,并未形成均匀的沉积层,沉积分布沿中间叶高呈对称分布;在气流方向,压力面整个表面沉积量变化不大,均处于较小的量级。当入口燃气温度提高到 1 518 K 时,沿叶高方向,压力面前缘中间叶高区域有明显的微颗粒沉积,从中间叶高向叶顶和叶根方向,微颗粒的沉积量逐渐减小;沿气流方向,沉积量在前缘位置最大。从前缘向尾缘延伸,沉积量在第一、二排气膜孔下游逐渐减小,随后在第三四排气膜孔的孔与孔之间区域有所上升,但上升量不大。当入口平均温度达到 1 626 K 时,沿叶高方向,前缘中间叶高区域微颗粒沉积量最大,向叶顶和叶根方向延伸,沉积量逐渐减小,整个前缘区域均形成了较大的沉积层;沿气流方向,从前缘向尾缘延伸,沉积量先减小后增大。前缘的沉积量最大,在前两排气膜孔下游的区域,沉积量最小,随后沉积量在后两排气膜孔下游的区域上升,形成沉积层并一直覆盖到压力面尾缘。

图 3 - 54 给出了不同主流燃气温度时叶片吸力面的微颗粒沉积分布情况。随着主流燃气温度的增加,整个叶片吸力面的微颗粒沉积分布变化不大,均处于较小的量级。沉积分布的区别主要在前缘位置,随着主流温度的升高,吸力面前缘的沉积量升高。从数值结果来看,主流温度的变化导致叶片沉积的变化主要体现在压力面。

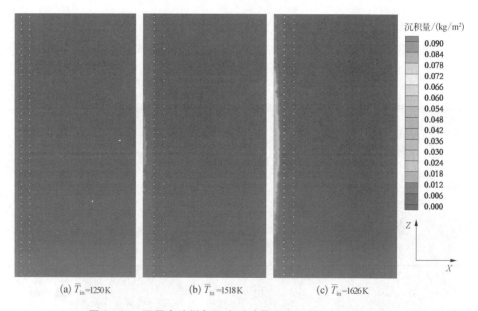

(a) $\overline{T}_{in}$=1250K   (b) $\overline{T}_{in}$=1518K   (c) $\overline{T}_{in}$=1626K

沉积量/(kg/m²)

0.090
0.084
0.078
0.072
0.066
0.060
0.054
0.048
0.042
0.036
0.030
0.024
0.018
0.012
0.006
0.000

图 3 - 54 不同主流燃气温度时叶片吸力面微颗粒沉积分布

接下来,分别从温度和流动的角度对微颗粒沉积量的变化和沉积分布的产生原因进行分析。首先,结合不同来流温度情况时入口温度的分布(图 3 - 51)及压力面的表面温度分布(图 3 - 55),从温度的角度分析沉积量的变化原因。其一,随着主流燃气温度的提高,微颗粒在叶片前方的温度越高,并且根据入口温度的分布

可以得出,中间叶高区域的微颗粒温度较高,两侧的较低。其二,在冷却气量一定的情况下,较高的来流燃气温度会导致叶片表面温度相应升高。在来流燃气平均温度为 1 250 K 时,叶片表面温度在 800 K 左右。在来流燃气平均温度升高到 1 518 K 时,压力面前缘和尾缘的温度升高至 1 150 K 左右,而当燃气温度提高到 1 626 K 时,前缘和尾缘的温度达到了 1 200 K,并且沿叶高方向呈中间高两边低的分布。由于微颗粒的温度与主流燃气的温度正相关,根据沉积模型,微颗粒的温度越高,其与叶片壁面碰撞后的沉积概率越大。较高的来流温度和叶片表面温度可以使得微颗粒在近壁面区域具有较高的温度,从而使得其在叶片温度较高的区域沉积量较大。

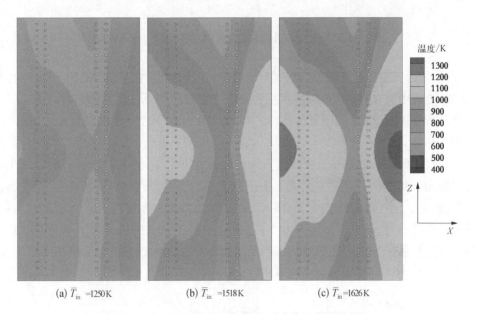

温度/K

1300
1200
1100
1000
900
800
700
600
500
400

(a) $\overline{T}_{in}$ =1250 K　　　　(b) $\overline{T}_{in}$ =1518 K　　　　(c) $\overline{T}_{in}$ =1626 K

图 3 - 55　不同主流燃气温度时叶片压力面温度

　　其次,从流动的角度分析叶片表面沉积分布的产生原因。图 3 - 56 给出了平均燃气温度为 1 626 K 时的叶片中间叶高截面的温度及流线图。从图中可以看出,燃气的驻点位置处于叶片前缘,由常温平板的沉积结果[13]可知,沉积较大的区域均出现在气流的驻点位置。对应本章叶片模型,亦得出此结论。对于叶片压力面,可以看到前两排气膜孔出口的冷却气流被主流压制,其冷气的贴壁性比后两排气膜孔的更好,冷气的吹拂保护作用使得在前后两排气膜孔中间的区域微颗粒沉积量较小。在后两排气膜孔出口处,冷气与主流掺混作用较强,冷气的卷吸作用使得在后两排气膜孔附近的微颗粒沉积量上升。对于叶片吸力面,由于叶片具有一定迎角(25°),所以燃气在吸力面区域形成了回流区,由于吸力面是背风面,微颗粒被主流直接输运到吸力面的概率十分小,这就使得吸力面微颗粒的沉积量较小。

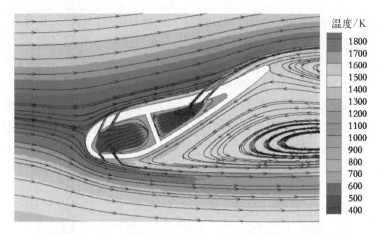

图 3-56　叶片中间叶高截面温度及流线图($\bar{T}_{in}=1\,626\,\text{K}$)

　　进一步,定量分析主流燃气温度对于微颗粒沉积的影响。首先,给出不同主流温度时压力面中间叶高截面处的沉积厚度变化,如图 3-57 所示。从图中可以看出,随着燃气温度的提高,压力面整体的沉积厚度增大。对于燃气平均温度 1 250 K,沉积厚度很小,尤其在无量纲长度 20%~80%的区域沉积厚度基本为零。对于燃气平均温度 1 518 K,微颗粒沉积厚度在无量纲长度 10%附近达到最大值,随后减小,在无量纲长度 60%以后略有升高。对于燃气平均温度 1 626 K,沉积厚度在前缘起始位置最大,与燃气平均温度 1 518 K 相比,微颗粒沉积厚度增大了 2 倍左右。从前缘向尾缘延伸,沉积厚度逐渐减小,在无量纲长度 60%以后出现了明显的升高,沉积厚度比来流燃气温度 1 518 K 时增加了约 3 倍,同时保持较大的沉积厚度一直延伸到了压力面尾缘附近后急剧减小。

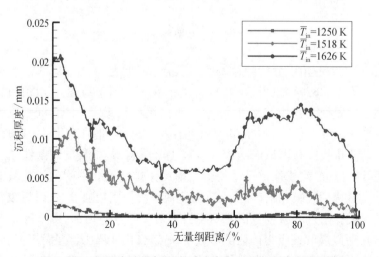

图 3-57　不同主流燃气温度对叶片压力面沉积厚度的影响

其次,图 3－58 给出了不同主流温度时叶片整体的微颗粒沉积率的变化情况。从整个叶片的沉积率来看,随着燃气温度的上升,微颗粒沉积率上升。特别指出,微颗粒沉积率的增加趋势与主流燃气温度的变化是呈非线性的,在燃气平均温度从 1 518 K 升高到 1 626 K 时,沉积量增加较为剧烈,这是因为在燃气平均温度为 1 626 K 时,中心热斑温度已经达到 1 861 K,接近微颗粒熔点(1 880 K),导致微颗粒在中心热斑对应的中间叶高区域上的沉积量迅速增大。

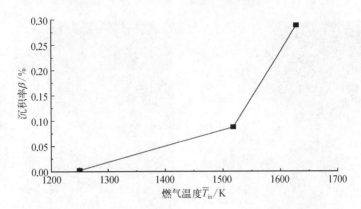

图 3－58　不同主流燃气温度对微颗粒沉积率的影响数值结果

2) 数值与实验对比分析

在来流燃气平均温度为 1 626 K 的工况下,从叶片压力面温度、叶片压力面沉积分布两个方面分别对比数值模拟及文献实验结果[46],对数值模拟方法的有效性进行定性分析。除投砂质量不同之外,数值与实验的其他工况参数均一致。

图 3－59 为叶片压力面温度数值与实验对比,可以看出叶片表面温度数值结

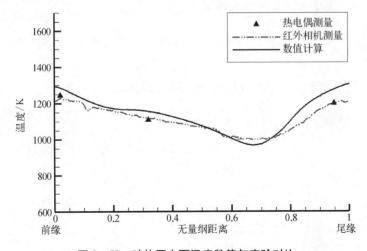

图 3－59　叶片压力面温度数值与实验对比

果与实验结果趋势基本一致。温度的最大相差出现在尾缘区域处,最大相差约 6.2%,数值计算温度场与实验结果吻合良好。图 3 - 60 为叶片压力面沉积分布数值与实验对比,可以看出,叶片表面沉积物分布的数值结果与实验结果趋势基本一致。从叶高方向上看,沉积物主要分布在叶片的中间叶高区域。对于中间叶高区域,在叶片前缘,沉积物一直延伸到前两排气膜孔下游的区域。在叶片中部,沉积物较少,在叶片尾缘中后部,沉积物较多。

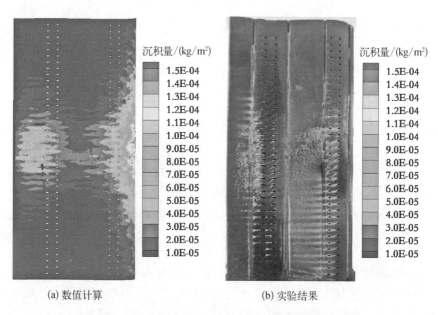

(a) 数值计算　　　　　　　　　(b) 实验结果

图 3 - 60　叶片压力面微颗粒沉积分布数值与实验对比

3. 不同气膜冷却横向槽结构的影响

1) 数值结果

在叶片压力面设置横向槽尺寸参数见表 3 - 15。

表 3 - 15　不同横向槽结构对微颗粒沉积影响的计算条件

编　号	横向槽深度	横向槽宽度	主流燃气平均温度	叶片迎角	微颗粒喷射总量
1	0.0D	0.0D			
2	0.8D	3.0D			
3	1.2D	3.0D	1 626	25°	20 g
4	1.6D	3.0D			

　　图 3-61 给出了不同横向槽深度时压力面的沉积分布情况。从图中可以看出,横向槽设置对于压力面前缘的微颗粒沉积分布影响不大,开槽结构对于微颗粒沉积影响主要在于横向槽内及槽下游的区域。对于沿气流方向第一排孔,随着开槽深度的增加,槽内的微颗粒沉积逐渐减小,特别是在开槽深度为 1.6D 时,第一排气膜孔槽内基本没有微颗粒沉积。对于沿气流方向第二排孔,随着开槽深度的增加,气膜孔下游的微颗粒沉积所覆盖的区域逐渐减小,同时不同深度的槽内基本无微颗粒沉积。对于沿气流方向第三排孔,随着开槽深度的增加,气膜孔下游区域的微颗粒沉积量明显减小,同时在第三排孔与第四排孔之间的区域沉积覆盖面积逐渐收缩变小,特别是在开槽深度为 1.6D 时,相应位置基本没有沉积。对于沿气流方向第四排孔,随着开槽深度的增加,气膜孔下游区域微颗粒沉积量明显减少,且沉积量减少的范围一直延续到压力面尾缘,在开槽深度最大时,第四排气膜孔下游的位置基本不发生沉积。图 3-62 给出了叶片吸力面的微颗粒沉积分布。可以看出,在压力面设置横向槽或改变横向槽结构对于吸力面的微颗粒沉积量及其分布影响不大。

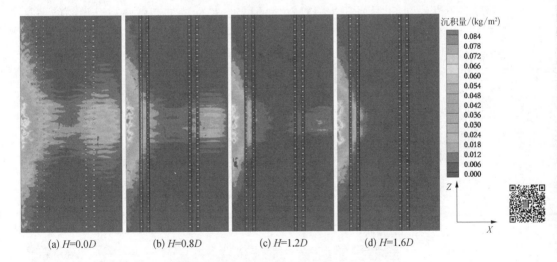

(a) H=0.0D　　(b) H=0.8D　　(c) H=1.2D　　(d) H=1.6D

图 3-61　不同横向槽深度时叶片压力面微颗粒沉积分布

　　接下来,分别从叶片压力面附近流动和表面温度两个方面分析横向槽对于微颗粒沉积量的变化和沉积分布的产生原因。

　　首先,通过横向槽对于气膜孔附近气流流动的影响,分析横向槽对于微颗粒沉积的影响机制。图 3-63 给出了叶片压力面第一排气膜孔的展向中心截面的温度流线分布。可以看出,设置横向槽后,冷却气流在气膜孔两侧形成涡系结构,冷却气流在槽内扩展,使得冷却气的出口动量降低,冷却气流与主流之间的掺混卷吸能力有所下降,这样就使得粒子不容易被气流输运到叶片近壁面,从而

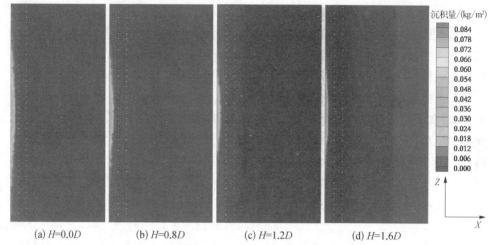

(a) H=0.0D   (b) H=0.8D   (c) H=1.2D   (d) H=1.6D

图 3－62 不同横向槽深度时叶片吸力面微颗粒沉积分布

能够有效减少微颗粒的沉积量。随着开槽深度的增加,冷却气流沿展向的扩散程度是不断增强的,因此随着开槽深度的增加,横向槽抑制微颗粒沉积的能力是逐渐增强的。

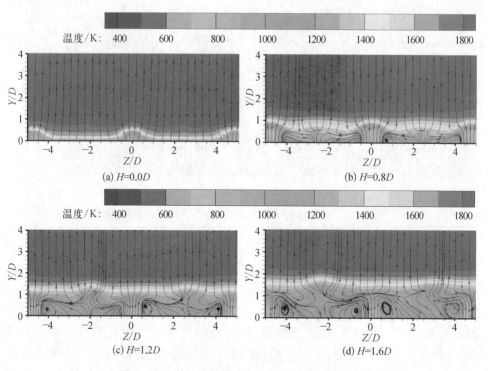

图 3－63 第一排气膜孔中心截面温度流线分布

　　图 3－64 为开槽深度为 1.6D 时,第一排横向槽中间高度截面的温度及流线图。观察横向槽内的流场可以发现,在气膜孔与孔之间形成了漩涡,可以使得槽内的冷气分布更均匀。同时,冷却气流会从孔与孔之间的位置从槽内射出,对下游孔与孔之间的叶片表面形成更有效的冷气覆盖,使得主流中的微颗粒被主流输运至孔与孔之间的叶片表面相应位置更为困难,从而有利于抑制沉积的发生。

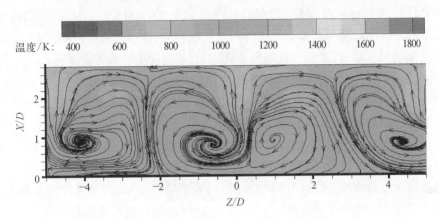

图 3－64　第一排气膜孔横向槽内温度流线分布(开槽深度 $H=1.6D$)

　　其次,通过横向槽对于叶片表面温度的影响,分析槽对于微颗粒沉积的影响机制。图 3－65 给出了不同横向槽深度时压力面温度分布。可以看出,在压力面前缘位置,由于其处于横向槽的上游,叶片表面温度基本不受槽的影响。对于前两排气膜孔及其附近区域,随着开槽深度的增加,叶片表面的温度在槽下游的位置相应降低,其表面温度值由不开槽时的 1 150 K 降低到 1 000 K 以下($H=1.6D$)。分析

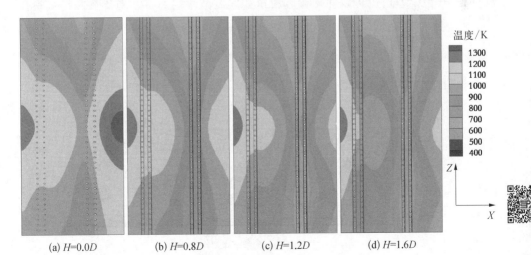

(a) $H=0.0D$　　　(b) $H=0.8D$　　　(c) $H=1.2D$　　　(d) $H=1.6D$

图 3－65　不同横向槽深度时叶片压力面温度分布

认为,这是由于横向槽使得冷却气流的出口动量降低,贴壁性增强,对叶片形成更加有效的气膜保护,使得叶片表面温度降低。由前面的分析可知,在来流燃气温度不变的情况下,叶片表面温度的降低可以使得微颗粒在被气流输运到叶片近壁面时具有较低的温度,其黏附能力随之下降,从而使得微颗粒沉积量降低。对于后两排气膜孔及其附近区域,随着开槽深度的增加,叶片表面的温度在槽下游的相应位置明显降低,其表面温度由不开槽时的 1 250 K 降低到 1 000 K 左右。同时,后两排气膜孔在未设置横向槽时其冷却气流的贴壁性比较差,通过设置横向槽,能有效降低冷却气流的出口动量,冷却气流的贴壁性增强,从而使得后两排孔下游的表面温度明显降低。同时,冷却气流在横向槽内的扩散使得槽内的温度分布更加均匀,也会使得叶片表面温度降低,从而使得微颗粒在后两排孔下游的位置沉积量随着开槽的深度增加明显减少。

进一步,定量分析横向槽深度对于微颗粒沉积的影响。首先给出不同开槽深度时压力面中间叶高截面处的沉积厚度变化,如图 3 - 66 所示。从图中可以看出,随着开槽深度的增加,压力面微颗粒沉积呈减小趋势,但是在沿流向的不同位置,沉积厚度的减小趋势不尽相同。对于压力面前缘,横向槽开槽深度的变化对于微颗粒沉积的影响不大。对于前两排气膜孔附近的位置,从图中可以观察到设置横向槽的叶片压力面微颗粒沉积厚度有一个突降趋势,这是因为槽内微颗粒沉积量较小,微颗粒的沉积厚度基本为零。对于前两排气膜孔下游的位置,随着开槽深度的增加,沉积厚度逐渐减小。特别地,对于开槽深度最大($H = 1.6D$)时,前两排气膜孔下游,无量纲长度 40% 的区域,其表面微颗粒沉积厚度基本为零。对于后两排气膜孔附近的位置,设置横向槽对于沉积厚度的减小较为明显,即使是深度最小的横向槽($H = 0.8D$),也可以使得微颗粒沉积厚度减小约 50%。对于后两排气膜孔

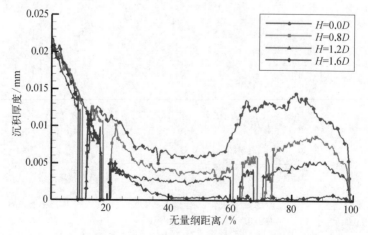

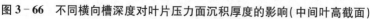

图 3 - 66　不同横向槽深度对叶片压力面沉积厚度的影响(中间叶高截面)

下游区域,随着开槽深度的增加,微颗粒沉积厚度逐渐变小。图 3-67 给出了压力面第二排和第四排孔下游位置处,不同开槽深度时的展向沉积厚度分布。对于第二排气膜孔下游位置,随着开槽深度的增加,沉积厚度逐渐减小。需要指出的是,在开槽深度从 1.2D 变化到 1.6D 时,在 Z/D=-10~+10 范围内沉积厚度基本一致,只有在继续沿展向延伸到 Z/D<-15 和 Z/D>+15 的范围后才出现明显差别,说明在该位置(叶片压力面无量纲长度 20%附近)通过设置横向槽的方法来减小沉积厚度已经达到最大限度。对于第四排气膜孔下游的位置,随着开槽深度的增加,沉积厚度明显减小,尤其是在开槽深度最深(H=1.6D)时,该位置(叶片压力面无量纲长度 75%附近)展向的沉积厚度基本为零,说明通过设置较深的横向槽,可以有效抑制气膜孔下游的微颗粒沉积。

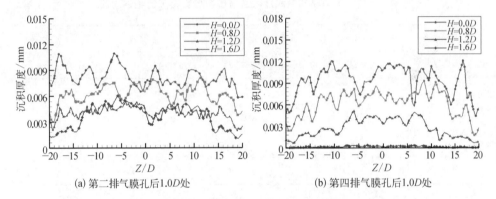

(a) 第二排气膜孔后1.0D处   (b) 第四排气膜孔后1.0D处

图 3-67 不同横向槽深度对气膜孔后沉积厚度的影响

图 3-68 给出了不同开槽深度时叶片整体的微颗粒沉积率变化情况。从整个叶片的沉积率看,随着压力面开槽深度的增加,微颗粒的沉积率降低。在开槽深度为 1.6D 时,沉积质量的降低率达到了 59.2%。结合前面的分析,由于压力面开槽

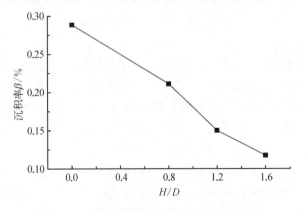

图 3-68 横向槽深度对微颗粒沉积率的影响

使得各排气膜孔附近区域(横向槽内)、第二排和第三排气膜孔之间的叶盆位置和第四排气膜孔下游的尾缘区域的微颗粒沉积量减少,导致叶片整体的沉积率相应地降低。

2) 数值模拟与实验对比分析

在不同开槽深度的情况下,从叶片压力面沉积分布和叶片表面微颗粒沉积率两个方面分别对比数值模拟及文献实验结果[14],对数值模拟方法的有效性进一步定量分析。除投砂质量不同之外,数值与实验的其他工况参数均一致。表 3-16 给出了数值模拟与实验的工况条件的对比情况,除投砂总量不一致外,其他工况参数条件均相同。

表 3-16　不同横向槽深度时数值模拟与实验工况条件对比

序 号	横向槽深度		砂粒投放质量/g	
	数值模拟	实 验	数值模拟	实 验
1	0.0D	0.0D	20	300
2	0.8D	0.8D		
3	1.2D	1.2D		
4	1.6D	1.6D		

首先,对不同横向槽深度时压力面微颗粒的沉积分布情况进行定性分析。通过对比数值模拟结果(图 3-61)与实验结果[46]的沉积分布可以发现,在叶片压力面设置横向槽后,数值模拟和实验的微颗粒沉积结果均呈减小趋势。对于第一排气膜孔附近位置,随着开槽深度的增加,实验结果中微颗粒在槽内的沉积分布逐渐减少,数值模拟结果中亦出现了相应的变化规律。对于后两排孔附近位置,随着开槽深度的增加,实验结果中在槽内的沉积分布逐渐减少。在数值模拟中后两排槽内基本没有沉积分布,但是可以明显看出随着开槽深度的增加,后两排槽与槽之间的沉积量亦呈减小趋势。从压力面的沉积分布来看,随着开槽深度的变化,数值模拟与实验结果在叶片气膜孔附近位置的沉积变化规律基本一致。

其次,对不同横向槽结构时微颗粒的沉积进行定量分析。图 3-69 给出了横向槽深度变化时数值模拟与实验结果[14]的叶片整体沉积率对比情况。可以看出,随着开槽深度的增加,数值模拟与实验结果的沉积率均呈减小趋势。在设置横向槽后,实验结果的沉积率要明显低于数值模拟的沉积率。观察实验的沉积分布结果,分析认为这是由于所有结构的实验件前缘沉积物均有不同程度的断裂脱落现象,随着开槽深度的增加,叶片整体的沉积量不断降低,脱落的沉积物占整个沉积量的比例越来越大,数值模拟未考虑脱落现象,所以使得数值模拟的沉积率大于实验结果。综上,随着压力面开槽深度的增加,数值模拟与实验的微颗粒沉积率变化趋势基本一致,说明本节数值模拟方法可以有效预测横向槽结构变化对于微颗粒沉积的影响。

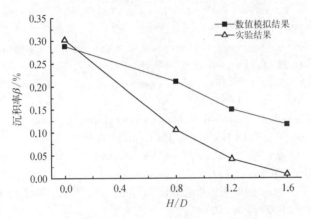

图 3 - 69　不同横向槽深度时数值模拟与实验结果沉积率对比

3.5　小　　结

本章重点针对微颗粒沉积的数值模拟方法进行了介绍。根据微颗粒的受力模型和微颗粒的沉积模型,建立了微颗粒沉积的数值模拟方法。随后,介绍了微颗粒沉积数值模拟的相关实例,包括常温气膜冷却平板表面和高温气冷涡轮导叶的微颗粒沉积数值模拟,并通过与已有文献实验数据的对比,验证了数值模拟方法的可靠性。需要说明的是,本章并未对常温气膜冷却平板微颗粒沉积与实际涡轮高温运行情况的相似性进行讨论,具体相似性方法可参见第 4 章分析。

参考文献

[1]　郭烈锦. 两相与多相流动力学[M]. 西安: 西安交通大学出版社,2002.

[2]　Hwang C. Numerical study of gas particle flow in a solid rocket nozzle[J]. AIAA Journal, 1988, 26: 682 - 689.

[3]　Tanaka T, Yamamoto Y, Potthoff M, et al. LES of gas-particle turbulent channel flow[J]. ASME Fluids Engineering Division, 1997, 17: 1 - 5.

[4]　Fan L S, Zhu C. Principles of gas-solid flows[M]. Cambridge: Cambridge University Press, 1998.

[5]　岑可法,樊建人. 工程气固多相流动的理论及计算[M]. 杭州: 浙江大学出版社,1990.

[6]　Batchelor G K. An introduction to fluid dynamics[M]. Cambridge: Cambridge University

Press，2000.

[7] Crowe C T, Sommerfeld M, Schwarzkopf J, et al. Multiphase flows with droplets and particles ［M］. Boca Raton：CRC Press, 2012.

[8] Moreno-Casas P A, Bombardelli F A. Computation of the Basset force：Recent advances and environmental flow applications［J］. Environmental Fluid Mechanics, 2016, 16：193 − 208.

[9] Saffman P G. The lift on a small sphere in a slow shear flow［J］. Journal of Fluid Mechanics, 1965, 22：385 − 400.

[10] Li A, Ahmadi G. Dispersion and deposition of spherical particles from point sources in a turbulent channel flow［J］. Aerosol Science and Technology, 1992, 16：209 − 226.

[11] Berjagin B V, Yalamov Y. Theory of thermophoresis of large aerosol particles［J］. Journal of Colloid Science, 1965, 20(6)：555 − 570.

[12] Talbot L, Cheng R K, Schefer R W, et al. Thermophoresis of particles in a heated boundary layer［J］. Journal of Fluid Mechanics, 1980, 101：737 − 758.

[13] Zhou L X, Huang X Q. Prediction of confined turbulent gas-particle jet by an energy equation model of particle turbulence［J］. Science in China, 1990, 33：52 − 59.

[14] 李勇,周力行. $k - \varepsilon$ − PDF 两相湍流模型和台阶后方气粒两相流动的模拟［J］. 工程热物理学报,1996,17(2)：234 − 238.

[15] 周力行,李勇. 旋流两相流动的 DSM − PDF 两相湍流模型［J］. 工程热物理学报,1999, 20(2)：252 − 257.

[16] 赵海波,柳朝晖,郑楚光,等. 两相流的脉动速度联合 PDF 输运方程［J］. 力学学报,2002, 34(5)：675 − 681.

[17] Reeks M W. On a kinetic equations for the transport of particles in turbulent flows［J］. Physics of Fluids A, 1991, 3(3)：446 − 456.

[18] Reeks M W. On the continuum equations for dispersed particles in non-uniform flows［J］. Physics of Fluids A,1992, 4(6)：1290 − 1302.

[19] Bourgault Y, Habashi W G, Dompierre J, et al. An Eulerian approach to supercooled droplets impingement calculations［R］. AIAA − 97 − 0176, 1997.

[20] 张强,曹义华,李栋. 采用欧拉两相流法对翼型表面霜冰的数值模拟［J］. 北京航空航天大学学报,2009(3)：88 − 92.

[21] 杨胜华,林贵平,申晓斌. 三维复杂表面水滴撞击特性计算［J］. 航空动力学报,2010(2)：48 − 54.

[22] Tong X, Luke E. Eulerian simulations of icing collection efficiency using a singularity diffusion model［R］. AIAA − 2005 − 1246, 2005.

[23] Berlemont A, Desjonqueres P, Gouesbet G. Particle Lagrangian simulation in turbulent flows ［J］. International Journal of Multiphase Flow, 1990, 16 (1)：19 − 34.

[24] Lu Q Q, Fontaine J R, Aubertin G A. Lagrangian model for solid particles in turbulent flows ［J］. International Journal of Multiphase Flow, 1993, 19 (2)：347 − 367.

[25] Ounis H, Ahmadi G, Mclaughlin J B. Brownian particle deposition in a directly simulated turbulent channel flow［J］. Physics of Fluids, 1993, 5 (6)：1427 − 1432.

[26] Chen X Q, Pereira J C F. Efficient computation of particle dispersion in turbulent flows with a stochastic-probabilistic method ［J］. International Journal of Heat Mass Transfer, 1997,

40(8)：1727 - 1741.

[27] 欧阳洁,李静海. 确定性颗粒轨道模型在流化床模拟中的研究进展[J]. 化工学报,2004,
      55(10)：1581 - 1592.

[28] Pan Y, Banerjee S. Numerical simulation of particle interactions with wall turbulence[J].
      Physics of Fluids, 1996, 8(10)：2733 - 2755.

[29] Dorgan A J, Loth E. Simulation of particles released near the wall in a turbulent boundary layer
      [J]. International Journal of Multiphase Flow, 2004, 30(6)：649 - 673.

[30] Vance M W, Kyle S, Olivier S. Properties of the particle velocity field in gas-solid turbulent
      channel flow[J]. Physics of Fluids, 2006, 18(6)：2451 - 2466.

[31] Wang Q, Squires K D, Chen M, et al. On the role of the lift force in turbulence simulations of
      particle deposition[J]. International Journal of Multiphase Flow, 1997, 23(4)：749 - 763.

[32] Chen M, Kontomaris K, Mclaughlin J B. Direct numerical simulation of droplet collisions in a
      turbulent channel flow-Part I：Collision algorithm[J]. International Journal of Multiphase
      Flow, 1999, 24(7)：1079 - 1103.

[33] Li Y, Mclaughlin J B, Kontomaris K, et al. Numerical simulation of particle-laden turbulent
      channel flow[J]. Physics of Fluids, 2001, 13(10)：2957 - 2967.

[34] Yamamoto Y, Potthoff M, Tanaka T, et al. Large-eddy simulation of turbulent gas-particle flow
      in a vertical channel：Effect of considering inter-particle collisions [J]. Journal of Fluid
      Mechanics, 2001, 442(1)：303 - 334.

[35] Nasr H, Ahmadi G, Mclaughlin J B. A DNS study of effects of particle-particle collisions and
      two-way coupling on particle deposition and phasic fluctuations [J]. Journal of Fluid
      Mechanics, 2009, 640(12)：507 - 536.

[36] Lain S. Study of turbulent two-phase gas-solid flow in horizontal channels[J]. Indian Journal
      of Chemical Technology, 2013, 20(2)：128 - 136.

[37] Zhang Z, Chen Q. Experimental measurements and numerical simulations of particle transport
      and distribution in ventilated rooms[J]. Atmospheric Environment, 2006, 40：3396 - 3408.

[38] Chougule N K, Parishwad G V, Gore P R, et al. CFD analysis of multi-jet air impingement on
      flat plate[C]. London：World Congress on Engineering, 2011.

[39] Prenter R, Ameri A, Bons J P. Computational simulation of deposition in a cooled high-
      pressure turbine stage with hot streaks [J]. Journal of Turbomachinery-Transactions of the
      ASME,2017, 139(9)：091005.

[40] Ai W G, Fletcher T H. Computational analysis of conjugate heat transfer and particulate
      deposition on a high pressure turbine vane[J]. ASME Journal of Turbomachery, 2012, 134：
      041020.

[41] Ranz W E, Marshall W R. Evaporation from drops parts I and II [J]. Chemical Engineering
      Progress, 1952, 48(3)：141 - 146.

[42] Brach R M, Dunn P F. A mathematical model of the impact and adhesion of microsphers[J].
      Aerosol Science and Technology, 1992, 16(1)：51 - 64.

[43] Sreedharan S S, Tafti D K. Composition dependent model for the prediction of syngas ash
      deposition in turbine gas hotpath [J]. International Journal of Heat and Fluid Flow, 2011,
      32(1)：201 - 211.

[44] Walsh P M, Sayre A N, Loehden D O, et al. Deposition of bituminous coal ash on an isolated heat exchanger tube: Effects of coal properties on deposit growth[J]. Progress in Energy & Combustion Science, 1990, 16(4): 327-345.

[45] 张斐,刘振侠,刘振刚,等.不同来流条件对涡轮叶片表面颗粒沉积影响的实验研究[J]. 推进技术, 2019, 40(7): 1538-1547.

[46] Liu Z G, Liu Z X, Liu F, et al. An experimental study of the effects of different transverse trenches on depositing and temperature on a plate with film cooling holes[J]. Aerospace Science and Technology, 2020, 107: 106340.

第 4 章
微颗粒沉积实验技术

涡轮叶片表面的微颗粒沉积是一种十分复杂的现象,会受到很多因素的影响,如何预测不同条件下的叶片表面微颗粒沉积量、分布以及沉积引起的叶片气动和换热特性的变化是沉积研究中的关键问题。可以利用数值模拟去研究微颗粒沉积问题,能够获得较为丰富的信息。然而,数值模拟的精确性不仅依赖于各种数值离散方法,更加依赖于数值模型的精确性。为了验证数值模型以及数值模拟结果的正确性,就必须开展大量实验研究。

实验研究的前提是其条件是否能够模拟真实涡轮叶片的工作条件。如果实验条件与真实条件是相同的,那么实验就能较为准确地反映真实涡轮叶片表面的微颗粒沉积特性。但是,这一点是很难做到的,例如航空发动机的涡轮导叶尺寸较小,如果实验件与导叶是 1∶1 的,那么实验上需要在狭小空间设计能够维持高温高压环境的辅助结构,这样会造成设计和观测上的困难。这就需要基于相似理论设计实验,使得实验结果能够反映真实条件下涡轮叶片表面的微颗粒沉积。

目前有两种微颗粒沉积实验技术:一种是低温沉积实验技术;另一种是高温沉积实验技术。前者的主流温度接近于常温或者比常温略高,但远低于涡轮前温度;后者的主流温度一般接近于涡轮前温度。低温沉积实验较容易开展,能够获得较为丰富的数据;高温沉积实验开展难度较大,但是相对于低温沉积实验,其结果能够较为准确地反映真实情况。

本章首先介绍微颗粒沉积问题的相似性分析,在此基础上介绍常温和高温沉积实验技术,并介绍国内外主要实验系统。

4.1 微颗粒沉积实验对象及观测量

在进行实验设计之前,应该确定实验的对象以及观测量。微颗粒沉积实验的对象不仅是涡轮叶片,还包括微颗粒,这是与普通涡轮叶片气动或换热实验不同的地方。

由于高低温实验工况不同,微颗粒的种类也有所差异。在实际的发动机中,燃烧室温度很高(2 300 K 以上),一般高于微颗粒熔点,使得微颗粒经过燃烧室加热后,部分变为熔融态,部分仍保持固态。微颗粒状态会影响到与涡轮叶片碰撞时的相互作用。例如,固态微颗粒撞击表面后,可能发生反弹、黏附;而熔融液态微颗粒与结构表面的相互作用的物理过程更加复杂,包括反弹、黏附、铺展、飞溅等随机过程。因此,实验中的微颗粒需要能够满足这种特性。低温实验中常用的微颗粒是石蜡,高温实验中微颗粒往往是真实环境中的微颗粒或者制备的微颗粒。

实验中涡轮叶片可以与真实叶片是几何相似的,也可以使用简易的平板模型来代替。根据不同的研究内容,平板或涡轮叶片(以下统称为实验件)的具体结构也有所差异,例如是否设置气膜冷却结构,冷气的喷射角度;是否设置横向槽,横向槽的不同宽度或深度等。

微颗粒沉积实验的观测量主要有三个:第一是沉积量或者沉积率,沉积率 β 定义为沉积在实验件上的微颗粒质量 m_{dep} 与实验中投入的微颗粒质量 m_{total} 的比值,即

$$\beta = \frac{m_{dep}}{m_{total}} \qquad (4-1)$$

第二个观测量是微颗粒在实验件上的沉积分布或沉积厚度,用以分析微颗粒是否整体分布均匀或局部出现堆积;最后一个观测量为实验件的壁面温度,比较沉积前后的壁面温度可以获得微颗粒沉积对涡轮叶片表面换热特性的影响。

4.2　微颗粒沉积实验的相似性分析

相似性分析是实验设计的基础。由于微颗粒沉积过程的复杂性,其影响因素也很多,即使通过无量纲化方法建立的无量纲参数数量也是很多的,这给相似性分析带来了极大的困难,但是,仍然可以基于相似性分析设计实验,使实验结果能够尽可能准确地反映真实现象。目前关于微颗粒沉积相似性分析的研究还较少,本节将基于当前的研究结果对此进行初步的分析,并讨论实验中着重考虑的因素。

在对微颗粒沉积现象进行相似分析之前,结合第 2、3 章中对于沉积现象的描述,对微颗粒沉积的特点进行总结,主要有以下几个方面:

(1) 微颗粒体积浓度低,其体积分数在 10^{-6} 左右或者小于 10^{-6},属于稀疏两相流动(2.1.1 节)。

(2) 微颗粒粒径较小,尺寸大部分小于 50 μm。

(3) 不同情况下微颗粒的状态不同,主要包括:固态、液态或熔融态。

(4) 微颗粒与叶片表面的相互作用现象复杂,可能有黏附、反弹、铺展等现象。

(5) 液态或熔融态的微颗粒在表面会发生相变并最终固化在结构表面。

(6) 微颗粒的沉积过程是一个随时间逐渐累积的过程。

(7) 如果实验件具有气膜冷却结构,必须能够考虑气膜冷却参数对微颗粒沉积的影响。

在进行相似性分析和实验设计,需要考虑以上几个因素。

4.2.1 影响微颗粒沉积的主要因素及无量纲参数

第 2 章分析了温度以及流动对微颗粒沉积的影响,本节中采用白金汉法[1]对微颗粒沉积问题进行相似性分析。为此,首先确定影响微颗粒沉积的主要因素,然后采用无量纲化方法得到影响微颗粒沉积的无量纲参数。

1. 主要影响因素

通过对沉积过程的分析,影响微颗粒沉积的主要因素有: 叶片(或结构)相关参数、主流相关参数、气膜冷却相关参数、微颗粒相关参数,以及其他相关参数。其中,与叶片(或结构)相关的参数为 6 个,如表 4-1 所示;与主流相关的参数为 7 个,如表 4-2 所示;如果有气膜冷却结构,则与气膜冷却相关的参数为 8 个,如表 4-3 所示;与微颗粒相关的参数为 12 个,如表 4-4 所示;最后还有重力的影响。在表 4-1~表 4-5 中,长度量纲为 L,时间量纲为 T,质量量纲为 M,温度量纲为 Θ,如无特别说明,表中的比热均指比定压热容。

表 4-1 叶片(或结构)及其他参数

变 量	符 号	单 位	量 纲
特征长度	l	m	L
迎角	α	1	1
热传导系数	k_s	W/(m·K)	$MLT^{-3}\Theta^{-1}$
叶片比热	c_s	J/(kg·K)	$L^2T^{-2}\Theta^{-1}$
杨氏模量	E_s	Pa	$ML^{-1}T^{-2}$
泊松比	ν_s	1	1

表 4-2 主流相关参数

变 量	符 号	单 位	量 纲
速度	v_∞	m/s	LT^{-1}
密度	ρ_∞	kg/m³	ML^{-3}
压力	p_∞	Pa	$ML^{-1}T^{-2}$

变　量	符　号	单　位	量　纲
黏性系数	μ_∞	kg/(m·s)	$ML^{-1}T^{-1}$
温度	T_∞	K	Θ
导热系数	k_∞	W/(m·K)	$MLT^{-3}\Theta^{-1}$
比热	c_∞	J/(kg·K)	$L^2T^{-2}\Theta^{-1}$

表 4-3　气膜冷却相关参数

变　量	符　号	单　位	量　纲
气膜孔直径	d_c	m	L
冷气速度	v_c	m/s	LT^{-1}
冷气密度	ρ_c	kg/m³	ML^{-3}
冷气压力	p_c	Pa	$ML^{-1}T^{-2}$
冷气温度	T_c	K	Θ
冷气黏性系数	μ_c	kg/(m·s)	$ML^{-1}T^{-1}$
冷气导热系数	k_c	W/(m·K)	$MLT^{-3}\Theta^{-1}$
冷气比热	c_c	J/(kg·K)	$L^2T^{-2}\Theta^{-1}$

表 4-4　微颗粒相关参数

变　量	符　号	单　位	量　纲
微颗粒直径	d_p	m	L
微颗粒速度	v_p	m/s	LT^{-1}
微颗粒密度	ρ_p	kg/m³	ML^{-3}
微颗粒温度	T_p	K	Θ
微颗粒体积分数	φ_p	1	1
微颗粒导热系数	k_p	W/(m·K)	$MLT^{-3}\Theta^{-1}$
微颗粒比热容	c_p	J/(kg·K)	$L^2T^{-2}\Theta^{-1}$
微颗粒潜热	$\Delta h_{p,fus}$	J/kg	L^2T^{-2}
微颗粒杨氏模量	E_p	Pa	$ML^{-1}T^{-2}$

续　表

变　　量	符　　号	单　位	量　纲
微颗粒泊松比	v_p	1	1
微颗粒熔点	$T_{p,s}$	K	Θ
熔融态微颗粒表面张力系数	σ_p	N/m	$M\,T^{-2}$

表 4-5　其他相关参数

变　　　量	符　　号	单　　位	量　　纲
重力加速度	g	m/s^2	LT^{-2}

综上所述,影响微颗粒沉积的主要因素共计 34 个,考虑到时间累积过程,微颗粒沉积量表示为

$$m_{\mathrm{dep}} = f \begin{pmatrix} t,\, l,\, \alpha, \\ v_\infty,\, \rho_\infty,\, p_\infty,\, T_\infty,\, \mu_\infty,\, k_\infty,\, c_\infty, \\ d_c,\, v_c,\, \rho_c,\, p_c,\, T_c,\, \mu_c,\, k_c,\, c_c, \\ k_s,\, c_s,\, E_s,\, v_s, \\ d_p,\, v_p,\, \rho_p,\, T_p,\, \varphi_p,\, k_p,\, c_p,\, \Delta h_{p,\,\mathrm{fus}},\, E_p,\, v_p,\, T_{p,\,m},\, \sigma_p, \\ g \end{pmatrix} \qquad (4-2)$$

式中,t 表示微颗粒沉积的总时间。需要注意的是,上述参数并不是影响微颗粒沉积的全部因素,例如叶片的具体几何结构,但是由于几何相似是相似实验的基础,因此,不特别强调具体几何结构,而用一特征长度(例如弦长)来表示几何参数。如果没有气膜冷却结构,用结构表面温度 T_w 是一个很好的选择,这时式(4-2)将不包含所有关于气膜冷却的参数。此外,式(4-2)也没有考虑叶片的旋转速度,针对动叶片表面微颗粒沉积的实验研究方法和技术是未来需要考虑的问题。

上述所有参数只涉及 4 个基本物理学量,因此,即使将式(4-2)无量纲化,也最多将式(4-2)中的独立参数减少 4 个,其结果是涉及的独立无量纲参数依然较多,下面将基于当前的研究结果,对各个无量纲参数的影响大小进行分析,从而确定主要的无量纲参数。

2. 无量纲化参数

选取来流密度 ρ_∞、来流速度 v_∞、来流温度 T_∞ 和特征长度 l 作为参考量,式(4-2)可以写成如下形式:

$$
\beta = \chi f
\begin{cases}
\dfrac{v_\infty t}{l}, 1, \alpha, \\[2mm]
1, 1, \dfrac{p_\infty}{1/2\rho_\infty v_\infty^2}, 1, \dfrac{\mu_\infty}{\rho_\infty v_\infty l}, \dfrac{k_\infty T_\infty}{\rho_\infty v_\infty^3 l}, \dfrac{c_\infty T_\infty}{v_\infty^2}, \\[3mm]
\dfrac{d_c}{l}, \dfrac{\rho_c}{\rho_\infty}, \dfrac{v_c}{v_\infty}, \dfrac{p_c}{1/2\rho_\infty v_\infty^2}, \dfrac{T_\infty - T_c}{T_\infty}, \dfrac{\mu_c}{\rho_\infty v_\infty l}, \dfrac{k_c T_\infty}{\rho_\infty v_\infty^3 l}, \dfrac{c_c T_\infty}{v_\infty^2}, \\[3mm]
\dfrac{\Delta_s}{l}, \dfrac{k_s T_\infty}{\rho_\infty v_\infty^3 l}, \dfrac{c_s T_\infty}{v_\infty^2}, \dfrac{E_s}{1/2\rho_\infty v_\infty^2}, v_s, \\[3mm]
\dfrac{d_p}{l}, \dfrac{v_p}{v_\infty}, \dfrac{\rho_p}{\rho_\infty}, \dfrac{T_\infty - T_p}{T_\infty}, \dfrac{k_p T_\infty}{\rho_\infty v_\infty^3 l}, \dfrac{c_p T_\infty}{v_\infty^2}, \varphi_p, \dfrac{\Delta h_{p,\,\text{fus}}}{v_\infty^2}, \dfrac{E_p}{1/2\rho_\infty v_\infty^2}, v_p, \dfrac{T_{p,s}}{T_\infty}, \dfrac{\sigma_p}{\rho_\infty v_\infty^2 l}, \\[3mm]
\dfrac{gl}{v_\infty^2}
\end{cases}
\tag{4-3}
$$

式中,无量纲参数 $\chi = \rho_\infty l^3 / (\rho_p \varphi_p A_\infty v_\infty t)$,这里的 A_∞ 是流道横截面积。式(4-3)中的无量纲参数很多不是常见的无量纲参数,或者物理意义不明显。通过简单的代数运算,可以将上述无量纲参数改写成常见无量纲参数的组合,这样最终可以得到的无量纲参数如下。

1) 主流雷诺(Reynolds)数 Re_∞ 和冷气雷诺数 Re_c

$$
Re_\infty = \frac{\rho_\infty v_\infty l}{\mu_\infty}, \quad Re_c = \frac{\rho_c v_c d_c}{\mu_c}
\tag{4-4}
$$

雷诺数表示惯性力与黏性力的比值。雷诺数对流动状态(湍流或层流)有着重要影响,层流的雷诺数较小,湍流的雷诺数较大。湍流对于对流换热特性有着重要影响,因此实验的雷诺数的选取应保证与真实流动状态一致。一般叶片的雷诺数约为 10^5 量级,在这个范围内,从文献[2]的研究可以看出,雷诺数对于叶片的压力系数影响较小;从文献[2]和文献[3]可以发现,雷诺数对于叶片的换热系数影响较大,但是对于气膜冷却效率的影响又较小。还需要注意到,雷诺数主要影响的是边界层厚度、边界层内流动和传热,对于边界层以外的大部分叶栅通道内的流动和传热影响较小,因此,微颗粒在叶栅通道的运动和换热特性受到雷诺数影响较小。但是实验雷诺数与真实情况不能相差太大。

2) 主流马赫(Mach)数 Ma_∞ 和冷气马赫数 Ma_c

$$
Ma_\infty = \frac{v_\infty}{a_\infty} = \frac{v_\infty}{\sqrt{\gamma R T_\infty}}, \quad Ma_c = \frac{v_c}{a_c} = \frac{v_c}{\sqrt{\gamma R T_c}}
\tag{4-5}
$$

式(4-5)中假设气流是理想气体,其中 a_∞ 和 a_c 分别是主流和气膜冷气的声速,γ 和 R 分别是理想气体比热比(或绝热系数)和气体常数。马赫数表示主流流速和声速的比值,马赫数越大,说明空气被压缩越厉害。在进行实验时,对于马赫数小于 0.3 的流动,可以认为是不可压缩流动,需要强调的是,在涡轮叶栅通道中,即使在入口处主流马赫数小于 0.3,流动也可能发展为超声速;根据文献[4],对于离散孔气膜冷却,局部主流马赫数在 0.9 以下时,马赫数对气膜冷却效率影响不大。因此,实验中主流马赫数不应与真实情况相差太远。

3) 冷气温度比 λ_T、冷气埃克特(Eckert)数 Ec 和微颗粒温度比 $\lambda_{p,T}$

$$\lambda_T = \frac{T_\infty - T_c}{T_\infty}, \ Ec = \frac{v_\infty^2}{c_\infty(T_\infty - T_c)}, \ \lambda_{p,T} = \frac{T_\infty - T_p}{T_\infty} \qquad (4-6a)$$

当无气膜冷却结构时,采用叶片表面温度 T_w 代替冷气温度 T_c 来计算 $\lambda_{c,T}$ 和 Ec。Ec 主要影响传热特性,对于低马赫流动,Ec 对于能量方程的影响较小[5]。对于空气,有

$$Ec = \frac{(\gamma - 1)Ma_\infty^2}{\lambda_T} \qquad (4-6b)$$

因此,Ec 可以由主流马赫数以及温度比确定。由于微颗粒在进入涡轮叶栅通道前,需要经过压气机以及燃烧室,可以假定其与主流已经进行了较为充分的换热,因此可以假设 $\lambda_{p,T} \approx 1$,实验中,可以让微颗粒流程尽可能长,使得该参数能够接近于 1。

4) 主流压力系数 C_∞ 和冷气压力系数 C_c

$$C_\infty = \frac{p_\infty}{\rho_\infty v_\infty^2}, \ C_c = \frac{p_c}{\rho_c v_c^2} \qquad (4-7a)$$

如果气流是理想气体,则有

$$C_\infty = \frac{1}{\gamma Ma_\infty^2}, \ C_c = \frac{1}{\gamma Ma_c^2} \qquad (4-7b)$$

即压力系数取决于马赫数。

5) 冷气吹风比 M 和动量比 I

$$M = \frac{\rho_c v_c}{\rho_\infty v_\infty}, \ I = \frac{\rho_c v_c^2}{\rho_\infty v_\infty^2} \qquad (4-8a)$$

可以用吹风比和动量比表示冷气密度与主流密度之比、冷气速度与主流速度

之比。在第 2 章可以看到,吹风比对近壁面的流动结构有着重要的影响,也是影响气膜冷却效率的重要因素[2-4],目前的研究也表明吹风比是影响微颗粒沉积的重要因素,因此吹风比在实验中需要保证与真实情况接近。对于动量比,有

$$I = \frac{Ma_c}{Ma_\infty} \frac{p_c}{p_\infty} \qquad (4-8b)$$

一般情况下,$p_c \approx p_\infty$,因此动量比由主流马赫数和冷气马赫数确定。

6) 斯托克斯(Stokes)数 St 和无量纲微颗粒熔点 $\theta_{p,Ts}$

$$St = \frac{\rho_d d_p^2 v_\infty}{18 \mu_\infty l}, \quad \theta_{p,Ts} = \frac{T_{p,s}}{T_\infty} \qquad (4-9)$$

在第 2 章已经介绍过斯托克斯数,其主要影响微颗粒的随流性,该参数对于微颗粒的运动特性有着重要的影响,在微颗粒沉积实验中,该参数需要尽可能与实际情况接近。但是,由于微颗粒粒径不是单一的,因此,需要尽可能保证实验中斯托克斯数主要范围与实际情况重合。在 2.2.1 节中讨论了主流温度对微颗粒沉积的影响,可以发现 $\theta_{p,Ts}$ 是影响沉积的一个关键因素,因此,实验中应该尽可能保证该参数与实际情况相差不大。

7) 主流普朗特(Prandtl)数 Pr_∞、弗劳德(Froude)数 Fr 和韦伯(Weber)数 We_p

$$Pr_\infty = \frac{\mu_\infty c_\infty}{k_\infty}, \quad Fr = \frac{v_\infty^2}{gl}, \quad We_p = \frac{\rho_p v_p^2 d_p}{\sigma_p} \qquad (4-10)$$

普朗特数表征了速度边界层厚度与温度边界层厚度的比值。对于空气而言,普朗特数一般接近于 0.7,且随温度和压力变化不大,而微颗粒沉积实验中的流体介质主要是空气,因此该参数自动与实际情况相符。弗劳德数一般对于有自由界面的流动问题才显得比较重要[5],在微颗粒沉积问题中,可以忽略该参数的影响。当熔融态(或液态)微颗粒撞击结构表面时,其碰撞特性受韦伯数影响较大,但是正如 2.2.1 节分析的那样,熔融态微颗粒撞击结构表面后发生铺展以及沉积的概率很高,因此,韦伯数对沉积的影响也较小。

8) 其他参数

$$\delta_c = \frac{d_c}{l}, \quad \theta_{c,k} = \frac{k_c}{k_\infty}, \quad \theta_{c,c} = \frac{c_c}{c_\infty} \qquad (4-11a)$$

$$\theta_{s,k} = \frac{k_s}{k_\infty}, \quad \theta_{s,c} = \frac{c_s}{c_\infty}, \quad e_s = \frac{E_s}{\rho_\infty v_\infty^2} \qquad (4-11b)$$

$$\theta_{p,\rho} = \frac{\rho_p}{\rho_\infty}, \ \lambda_{p,v} = \frac{v_p}{v_\infty}, \ \theta_{p,k} = \frac{k_p}{k_\infty}, \ \theta_{p,c} = \frac{c_p}{c_\infty},$$

$$\kappa_p = \frac{\Delta h_{p,\text{fus}}}{v_\infty^2}, \ \theta_{p,E} = \frac{E_p}{E_s}, \ \theta_{p,v} = \frac{v_p}{v_s} \qquad (4-11\text{c})$$

δ_c 的匹配是几何相似的必要条件；如果考虑到温度比的匹配，$\theta_{c,k}$ 和 $\theta_{c,c}$ 的严格匹配很难做到。上述其他参数都与物性有关，很难严格做到匹配，这是因为这些物性参数往往是温度的函数，而且与化学成分相关，针对物性参数对微颗粒沉积影响的研究目前还开展较少。由于泊松比一般小于 1，根据式 (2-89) 和式 (2-90)，其对固态微颗粒的反弹临界速度影响较小，因此对于固态微颗粒沉积问题，$\theta_{p,E}$ 的匹配是比较重要的，但是对于熔融态微颗粒，参数 κ_p 的匹配会显得重要一些。

除了一些实际中难以匹配的无量纲参数以及一些不重要的无量纲参数，可以发现在相似实验中需要着重考虑的无量纲参数有：主流雷诺数 Re_∞、冷气雷诺数 Re_c、主流马赫数 Ma_∞、冷气马赫数 Ma_c、冷气吹风比 M、温度比 λ_T、斯托克斯数 St、无量纲微颗粒熔点 $\theta_{p,Ts}$。

如果假定沉积质量与微颗粒体积分数 φ_p 是线性关系，可以证明式 (4-3) 中函数 f 不显含 φ_p，在这个假定之下，可以进行加速实验[6]，即在较短时间内模拟一个真实环境中长时间内的叶片表面微颗粒沉积，这就要求实验中（短时间内）投入的微颗粒总质量与真实情况下（长时间内）进入发动机的微颗粒总质量一样，实验中微颗粒体积分数 φ_p 将会变得较大。但是，需要强调的是，在真实条件下，微颗粒与气流形成的是稀疏多相流动，这意味着实验中微颗粒体积分数 φ_p 一般不能超过 10^{-5}（2.1.1 节），以保证实验中微颗粒与气流形成的是稀疏多相流动。

4.2.2　微颗粒状态对沉积影响分析

燃烧室出口的微颗粒可能存在不同的状态，包括固态、熔融态或固液混合态。不同颗粒状态与壁面撞击所产生现象不同，微颗粒与表面相互作用的判断准则也不尽相同，导致微颗粒沉积率也有所差异。例如对于固态微颗粒，其反弹的可能性将会增大；但对于熔融态微颗粒，其反弹可能性将会降低，因此微颗粒所处的状态对沉积结果有着重要的影响。

在第 2 章定义了热缩放系数（TSP），该参数可以用来判断颗粒在到达结构表面时的熔化状态，其定义为

$$\text{TSP} = \frac{t_1 + t_2}{L_p/v_\infty} = \frac{(t_1 + t_2)v_\infty}{L_p} \qquad (4-12)$$

$$t_1 = -\frac{\rho_p c_p V_p}{h_p A_p} \ln\left[\frac{T_{p,s} - T_\infty}{T_{p,0} - T_\infty}\right] = \frac{\rho_p c_p d_p^2}{6Nu \cdot k_\infty} \ln\left[1 + \frac{T_{p,0} - T_{p,s}}{T_{p,s} - T_\infty}\right] \quad (4-13\text{a})$$

$$t_2 = \frac{\Delta h_f \rho_p V_p}{h_p A_p (T_{p,s} - T_\infty)} = \frac{\Delta h_{p,\text{fus}} \rho_p d_p^2}{6 Nu \cdot k_\infty (T_{p,s} - T_\infty)} \qquad (4-13\text{b})$$

式中，t_1 为微颗粒从初始温度降温至凝固点或升温至熔点的时间；t_2 为微颗粒在凝固点时相变为固态或在熔点时相变为熔融态的时间；$T_{p,0}$ 为微颗粒在初始状态的温度；c_p 为微颗粒相比热容；L_p 为微颗粒的运动距离；A_p 为微颗粒的面积；h_p 为微颗粒表面换热系数；$Nu = h_p d_p / k_\infty$ 为努塞特数。

对于微颗粒熔融过程而言，$T_{p,0} < T_{p,s} < T_\infty$，此时 TSP < 1 表示微颗粒熔融所需总时间小于实际运动时间，即微颗粒运动 L_p 距离后，微颗粒将变成熔融态；反之，微颗粒将很可能没有变成熔融态。对于熔融态微颗粒的冷却过程而言，$T_{p,0} > T_{p,s} > T_\infty$，则 TSP < 1 表示微颗粒冷却时间小于实际运动时间，即微颗粒运动 L_p 距离后，将变为固态。显然，可以利用热缩放系数来进行实验设计，例如在确定了主流在实验通道不同位置的温度后，利用式（4-12）、式（4-13a）和式（4-13b）来计算微颗粒投入主流的位置；也可以采用此方法根据微颗粒状态要求确定实验件在实验台的位置。

类似地，如果将式（4-9）中斯托克斯数计算式中参考长度 l 替换成微颗粒运动距离 L_p 后，那么也可以利用斯托克斯数确定微颗粒投入主流的位置。例如，为了使得微颗粒在进入实验台燃烧室前，其速度与主流速度接近，那么可以让斯托克斯数等于 1，然后计算微颗粒最短运动距离，从而确定微颗粒投入主流的位置。

4.2.3 微颗粒沉积影响因素总结

4.2.2 节对影响微颗粒在结构表面沉积的因素进行了分析，虽然无量纲化后减少了影响沉积参数的数目，但是可以发现，影响微颗粒沉积过程的无量纲参数仍然较多，若要完全匹配，实验件与叶片几何比例只能为 1:1，且实验条件和叶片运行条件一样。因此，需要准确把握沉积的主要特征，抓住主要的影响因素，忽略次要的影响因素。

最终认为微颗粒沉积的影响因素，主要基于三个方面：其一是考虑主流流场的相似性，选取的无量纲参数为主流雷诺数 Re_∞、冷气雷诺数 Re_c、主流马赫数 Ma_∞、冷气马赫数 Ma_c、冷气吹风比 M；其二是考虑微颗粒运动的动力学相似性，主要匹配参数为微颗粒斯托克斯数 St 和微颗粒相体积分数 φ_p；其三是考虑热力学的相似性，主要匹配参数为温度比 λ_T 和热缩放系数 TSP。注意，热缩放系数主要是为了实验中保证微颗粒在撞击实验件表面时，其状态（固态或熔融态）与真实情况一样或接近。此外，对于微颗粒沉积时间 t 的选择，根据 Jenson 等[6] 的加速实验，在满足与真实飞行工况相同的投砂总量的基础上，适当提高微颗粒浓度，但是要确保实验中流动是稀疏多相流动。

4.2.4 无量纲参数匹配举例

对于高温条件下的实验,由于一般其主流速度以及温度等基本与真实情况接近,其无量纲参数匹配相对简单。本节将根据 4.2.2 节方法基于典型涡轴发动机的工况参数,设计一组主流在低温条件下的微颗粒沉积实验参数,其中使用的微颗粒是一种雾化后的石蜡,其详细描述见 4.3.2 节。

以典型涡轴发动机的工况为参考,确定燃气、冷却空气及微颗粒的相关工况如表 4-6 所示。

表 4-6 典型涡轴发动机工况表

	参　数	参　数　范　围	无量纲参数及范围
主流燃气	燃气速度 v_∞	$80 \sim 250$ m/s	主流马赫数 $Ma_\infty < 0.3$; 主流雷诺数 $Re_\infty = 1.23 \times 10^5 \sim 3.85 \times 10^5$; (特征长度 $l = 0.05$ m,压力 $p_\infty = 7$ atm ①)
	气流角度 α	$-90° \sim +90°$	
	燃气温度 T_∞	$1\,000 \sim 1\,750$ K[7]	
冷却空气	冷却孔直径 d_c	$0.5 \sim 1$ mm[8]	温度比 $\lambda_T = 0.2 \sim 0.66$; 吹风比 $M = 0.5 \sim 2$; 冷气雷诺数 $Re_c = 1.2 \times 10^3 \sim 2.5 \times 10^4$; (压力 $p_c = 7$ atm)
	冷气速度 v_c	$18.75 \sim 234.38$ m/s	
	冷气温度 T_c	$600 \sim 800$ K[9]	
微颗粒	微颗粒直径 d_p	$1 \sim 10$ μm[10]	斯托克斯数 $St = 0.004 \sim 1.24$; 热缩放系数 TSP $= 0.000\,5 \sim 1.15$
	微颗粒速度 v_p	$80 \sim 250$ m/s	
	微颗粒温度 T_p	$1\,000 \sim 1\,750$ K	
	微颗粒浓度 φ_p	$10^{-8} \sim 10^{-7}$	

表 4-6 中计算微颗粒斯托克斯数和热缩放系数时的微颗粒的属性如下：密度 $\rho_p = 2\,450$ kg/m³;运动距离 $L_p = 0.3$ m[11];比定压热容 $c_p = 730$ J/(kg·K)[12];初始温度 $T_{p,0} = 2\,000$ K[13,14];熔点 $T_{p,s} = 1\,850$ K[15];相变潜热 $\Delta h_{p,\text{fus}} = 650\,000$ J/K[16]。

低温实验的工况参数的匹配主要通过加大实验件尺寸,降低主流和冷气速度,同时调节微颗粒直径等完成。这样的设计既能满足微颗粒沉积机理研究的要求,又有利于气膜冷却结构的加工和降低实验难度。具体参数及其相关计算结果如表 4-7 所示。

---

① 1 atm = 1.013 25×10⁵ Pa。

表 4 - 7 低温研究拟定工况参数

	常温实验参数	参数范围	无量纲参数及范围
主流空气	空气速度 v_∞	5~40 m/s	空气马赫数 Ma_∞ < 0.3; 空气雷诺数 Re_∞ = 4.81×10^4 ~ 3.85×10^5; (特征长度 l = 0.15 m, 压力 p_∞ = 1 atm)
	气流角度 α	-90° ~ +90°	
	空气温度 T_∞	298~340 K	
冷却空气	冷却孔直径 d_c	1.5~3 mm	温度比 λ_T = 0.10 ~ 0.35; 吹风比 M = 0.5 ~ 2; 冷气雷诺数 Re_c = 0.31×10^3 ~ 2.0×10^4 (压力 p_c = 1 atm)
	冷气速度 v_c	1.8~60 m/s	
	冷气温度 T_c	220~270 K	
微颗粒	微颗粒直径 d_p	5~40 μm	斯托克斯数 St = 0.002 ~ 1.13; 热缩放系数 TSP = 0.003~1.53
	微颗粒速度 v_p	5~40 m/s	
	微颗粒温度 T_p	298~340 K	
	微颗粒浓度 φ_p	10^{-8} ~ 10^{-6}	

表 4 - 7 中计算微颗粒斯托克斯数和热缩放系数时的微颗粒的属性如下:密度 ρ_p = 880 kg/m³;运动距离 L_p = 2.0 m;比定压热容 c_p = 2 000 J/(kg·K);初始温度 $T_{p,0}$ = 333 K;熔点 $T_{p,s}$ = 315 K;相变潜热 $\Delta h_{p,fus}$ = 175 000 J/K。

对比表 4 - 6 和表 4 - 7 的工况参数,可以看出在真实工况和低温工况下,匹配较好的无量纲数包括:主流雷诺数、吹风比、冷气雷诺数、微颗粒斯托克斯数、微颗粒浓度及热缩放系数等。对于冷气温度比,在低温工况时范围小于实际工况,没有完全对应。但是低温实验仍然能够反映微颗粒沉积基本物理过程和特征,且其开展难度和成本较低,因此,在保证主要无量纲参数匹配的情况下,仍然可以用于微颗粒沉积的机理研究,为高温微颗粒沉积研究提供参考。

4.3 微颗粒沉积低温实验

在 4.2.3 节中,通过匹配相关的无量纲参数,保证了低温实验工况与真实工况基本相似。在本节中,将简要介绍低温实验的实验原理及实验系统,需要说明的是,这里的"低温"只是相对于真实发动机燃烧室或涡轮环境中的低温,而不是相较于常温环境,实际上,目前低温实验的主流温度一般较常温高,这样可以扩大冷气温度比,使得其更接近真实情况。

实际砂尘等微颗粒经燃烧室后可能会发生相变,由固态变成熔融态,因此,在低温条件下,必须能够模拟(或者实现)这一现象。为此,需要选择合适的材料制备微颗粒,该材料的熔点不能太高,这是因为低温条件下的常常采用电加热方法使得主流空气升温,如果微颗粒熔点较高,则主流温升也相应需要升高,导致电加热器功率过大,以至于实际条件难以满足该要求。例如在定压条件下,加热质量流量为 1 kg/s 的气流使其升温 100°,如果加热器的加热效率约为 0.8,则加热器的功率为 125 kW。

目前低温沉积实验[17-25]中大多选择石蜡作为制备微颗粒的材料,该石蜡的熔点较低(40~70℃),在常温下可以较为容易模拟砂尘等微颗粒的熔化(或凝固)过程。本书采用石蜡制备微颗粒,表 4-7 中微颗粒相关的无量纲参数实际上是基于一种熔点约为 40℃的石蜡物性参数计算的。

低温条件下的微颗粒沉积实验的基本原理如图 4-1 所示。以常温低速风洞为主体,利用风扇在管道中产生主流气体,主流气体经过空气加热器后升温,随后经过湍流发生器,气流变为湍流。在湍流发生器后方放置有喷蜡装置,用以产生熔融态的石蜡微颗粒。微颗粒喷嘴将熔融态的石蜡雾化后喷射到主流空气中。在主流道中石蜡微颗粒与主流空气充分混合,随后以空气-微颗粒两相流的形式输运至平板实验件表面。部分石蜡微颗粒沉积在实验件上,用以模拟砂尘颗粒在涡轮叶片表面的沉积;未发生沉积的石蜡微颗粒一部分会滞留在管道表面,另一部分会被气流输运到风洞出口,在风洞出口放置有排风系统,将石蜡微颗粒排放出实验室以保证实验环境及人员安全。

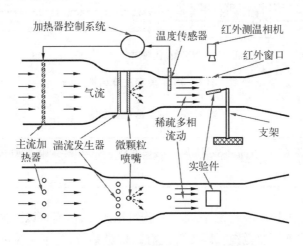

图 4-1　低温条件下微颗粒沉积实验基本原理

在进行实验前,首先要对风洞主流空气及湍流度进行标定和测量;在实验过程中,可以利用红外测温仪测量实验件的表面温度,基于热电偶获得的温度修正红外测温仪的测温数据,同时可利用照相机拍摄实验过程;实验结束后,将沉积在实验件上的石蜡微颗粒清扫收集,通过微质量天平测量其质量,从而获得微颗粒的沉积率。

从以上描述可以看出,低温实验系统主要由以下子系统构成。

（1）风洞系统：主要产生加热后的主流气体，模拟发动机燃烧室后的燃气。

（2）喷蜡系统：主要将固态石蜡变为熔融态，并将其在主流中雾化，从而产生石蜡微颗粒。

（3）冷气系统：主要产生实验件气膜冷却所需的冷气。

（4）测量系统：主要用来测量实验件表面温度以及石蜡微颗粒在实验件表面沉积总质量。

下面将介绍各个子系统的主要结构以及相关参数。

4.3.1　实验台

低温实验台（直流式低速风洞）的主体结构如图4-2所示，主要参数如表4-8所示。实验台主要由加热器、两个收缩段以及实验段等组成，其中微颗粒喷嘴安装在两个收缩段之间，收缩段的主要作用是整流以及降低湍流度，两个收缩段使得实验段气流的湍流度的下限较低，另外，第二收缩段使得雾化后的微颗粒能够快速扩散到气流中。实验件的安装位置应该基于斯托克斯数以及热缩放系数要求进行计算确定（4.2.2节）。

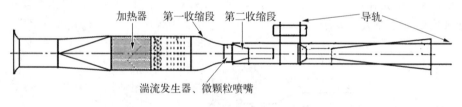

图4-2　实验台主体结构

表4-8　实验台主要参数

速　度	最大气流温升	实验段长度	实验段横截面尺寸	风速测量精度	湍流度
5~40 m/s	70 K	2.5 m	0.3 m×0.3 m	2%	1%~15%

实验台最好采用模块化设计，部分结构可以改变，从而可以方便地调整实验件位置以及增加位置调整范围。因为气流有石蜡微颗粒，为了避免微颗粒在实验室的扩散以及方便排出实验室，所以应该采用闭口实验段。

4.3.2　微颗粒的制备

低温实验中石蜡微颗粒是通过喷蜡系统制备的。喷蜡系统首先将固态石蜡加热到熔融态，然后将熔融态石蜡输运到位于风洞湍流发生器下游的喷嘴；同时压缩空气也在加热后通过管路到达喷嘴处，与熔融态石蜡进行混合，混合后石蜡被雾化成为液态小颗粒,经由喷嘴喷射到风洞主流。图 4-3 是喷蜡系统的原理图。喷蜡系统主要由石蜡加热系统、气体管路和液态石蜡管路等组成。

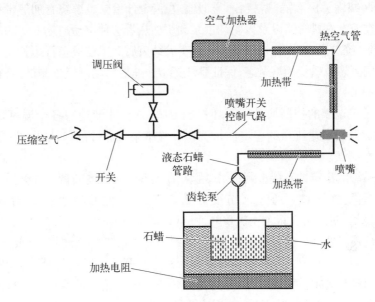

图 4-3　喷蜡系统原理图

1）石蜡加热系统

石蜡加热系统由石蜡容器、水容器、加热器以及控制系统组成。加热器将水容器中的水加热到一定温度。石蜡容器置于水容器中,加热后的水可以加热石蜡容器,同时保证石蜡可以被均匀加热,且温度稳定。控制系统通过反馈水温调节加热电阻的功率,从而保证石蜡容器内的温度在实验范围之内。经过测试,该系统能使石蜡温度控制偏差在±1℃。

2）气体管路

喷蜡系统的高压气流分为两路:其中一路用来雾化熔融态石蜡,通过调压阀控制雾化气流压力大小,可以获得不同粒径分布的石蜡微颗粒;另一路为喷嘴提供控制气流,通过调节该路气流的通断来控制喷嘴的开闭状态。由于石蜡的熔点高于环境温度,因此为了防止雾化气流在喷嘴处与熔融态石蜡混合后使石蜡变为固态,需要将雾化气流加热到一定温度,为此在气路管路周围缠绕了加热带,并在最外面包裹了保温隔热材料,用以保温并提高加热效率。

3）液态石蜡管路

为了保证熔融态石蜡的流量连续可调并且稳定,石蜡容器中的液态石蜡通过齿轮泵供入喷嘴。通过标定实验确定转速与石蜡流量的对应关系,之后调节齿轮泵转速来控制液态石蜡流量。

　　液态石蜡管路的主要功能是输运熔融态石蜡。为了保证石蜡在液态石蜡管路里保持熔融态以及温度稳定,与气体管路类似,在液态石蜡管路周围缠绕加热带,并在最外面缠绕了保温隔热材料。类似地,在齿轮计量泵也缠绕有加热带和保温隔热材料。在液态石蜡管路以及齿轮计量泵缠绕加热带这种主动加热方式的另一好处是,在喷蜡系统二次启动时,提前使上一次实验结束后滞留在液态石蜡管路和齿轮计量泵里面的固态石蜡变为熔融态,保证系统正常快速地启动。经过测试,管路的温度偏差约为±3℃。

　　上述关于温度的控制均采用闭环控制方式,这样才能使得各个温度稳定在合理范围内。液态石蜡流量的稳定性是沉积实验结果可靠性的保证,因此,需要对其进行重复性测试。

　　喷蜡系统的稳定性直接影响石蜡微颗粒在实验件沉积的质量,因此,需要对喷蜡系统进行重复性测试。通过调节变频器将喷蜡系统的喷蜡流量调节到约为 10 g/min,随后,对系统进行了 4 次重复性测试,即反复开闭喷蜡系统 4 次,在一定时间内收集从喷口处流出的石蜡,然后测量石蜡质量,并计算其流量。需要注意的是,有两种方法可以打开或关闭喷蜡系统:第一种是打开或关闭齿轮计量泵,但液态石蜡管路阀门没有关闭;第二种方法是同时打开或关闭齿轮计量泵和液态石蜡管路阀门。在这 4 次重复性测试中,随机使用这两种方法打开或关闭喷蜡系统,这样不仅能够测试系统重复性,还能测试阀门重复性。在测试中,石蜡(其熔点是 44℃)被加热到 60℃,气体管路、液态石蜡管路以及齿轮计量泵均被加热到 60℃左右,等待石蜡完全融化且温度稳定后再进行测试,其具体测试数据如表 4-9 所示。从表 4-9 可以看出,喷蜡系统单次流量测量不确定度为 0.331 g/min,其相对不确定度为 $\Delta \dot{m}_{\text{wax}}/\overline{\dot{m}}_{\text{wax}}$ = 3.2%,而喷蜡系统流量平均值不确定度为 0.165 g/min,其相对不确定度为 $\Delta \overline{\dot{m}}_{\text{wax}}/\overline{\dot{m}}_{\text{wax}}$ = 1.6%。

表 4-9　喷蜡系统重复性测试

i	t/min	m_{wax}/g	$\dot{m}_{\text{wax}}$/(g/min)	$\overline{\dot{m}}_{\text{wax}}$/(g/min)	$\sigma_{\overline{\dot{m}}_{\text{wax}}}$/(g/min)	$\Delta \dot{m}_{\text{wax}}$/(g/min)	$\Delta \overline{\dot{m}}_{\text{wax}}$/(g/min)
1		5.18	10.36				
2	0.5	5.10	10.20	10.35	0.104	0.331	0.165
3		5.21	10.42				
4		5.21	10.42				

　　注:i 为实验次数;t 为实验时间;m_{wax} 为石蜡总质量;$\dot{m}_{\text{wax}}$ 为石蜡质量流量;$\overline{\dot{m}}_{\text{wax}}$ 为石蜡质量流量平均值,根据附录 A 中式(A-1)计算;$\sigma_{\overline{\dot{m}}_{\text{wax}}}$ 为石蜡质量流量标准差,根据附录 A 中式(A-3)计算;$\Delta \dot{m}_{\text{wax}}$ 为单次石蜡质量流量测量不确定度,根据附录 A 中式(A-8)计算;$\Delta \overline{\dot{m}}_{\text{wax}}$ 为石蜡质量流量平均值测量不确定度,根据附录 A 中式(A-9)计算。

同时也可以测得该雾化后的石蜡微颗粒粒径分布,如图 4 - 4 所示,可以发现,微颗粒的粒径主要分布在 10~20 μm,其平均粒径约为 13 μm。

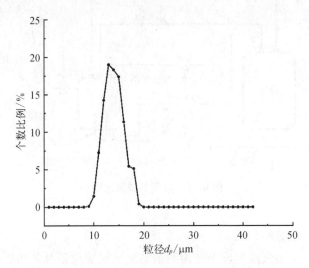

图 4 - 4　雾化后的石蜡微颗粒粒径分布(石蜡流量为 10 g/min)

4.3.3　冷气系统

冷气系统主要为实验件的气膜冷却提供所需的冷气。为了扩大冷气温度比,可以加热主流;也可以通过降低冷气温度扩大温度比。为此,可以选择利用液氮汽化产生温度较低的冷气。一方面,通过液氮汽化可以产生较低温度的气流以满足实验工况指标的要求;另一方面,氮气的物理性质与空气相近,不会因为冷气工质的不同对实验的流场产生影响。最后,由于液氮不含水分,通过汽化产生冷气的过程中不会产生由结冰导致的堵塞狭小冷却通道的问题,这样就无须干燥冷气,减少系统复杂性。

冷气系统的原理如图 4 - 5 所示,自增压低温容器内装有液氮,该容器可以通过液氮的汽化增加压力,从而输出液氮和低温氮气。液氮和高压氮气通过金属软管被输入到蒸发器内进一步混合汽化,并最终从蒸发器出口输出冷气。出口附近安装有流量计,可以获取冷气的体积流量。实验时,控制系统实时获取混合容器内压力传感器和温度传感器采集的数据,控制调节阀对液氮和低温氮气的流量进行调节,从而保证冷气系统输出的压力及温度稳定且连续可调。为了减少冷气在传输过程中与外界的换热,在冷气输运管路周围缠绕有保温隔热材料。

采用液氮液化产生冷气的方法能够获得较低的冷气,但是其控制难度较高。为此,也可以采用普通压缩空气的方法产生冷气,但是必须保证内部空气的湿度较低,否则,可能会使水蒸气结冰堵塞冷却通道。

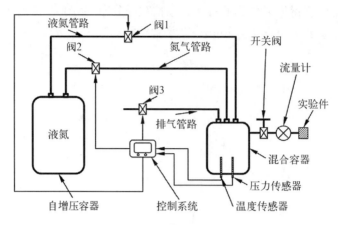

图 4 - 5 冷气系统原理图

4.3.4 测试技术

表 4 - 10 给出了低温实验中使用的主要测试仪器设备及其功能: ① 热线风速仪,用于测量风洞主流速度及湍流度;② 激光粒度仪,用于测量微颗粒的粒径分布;③ 红外测温仪,用于测量实验件表面温度;④ 微质量分析天平,用于测量石蜡微颗粒沉积量。表 4 - 10 中红外测温仪和微质量分析天平也可以在高温微颗粒沉积中实验中应用。

表 4 - 10 低温微颗粒沉积实验常用测量仪器

序 号	仪 器 设 备	主 要 功 能
1	热线风速仪	用于测量主流流速和湍流度
2	激光粒度仪	用于测量微颗粒的粒径分布
3	红外测温仪	用于测量实验件表面温度
4	微质量分析天平	用于测量微颗粒沉积量

需要根据实验要求确定各个仪器的量程和精度。以微质量分析天平为例,假设实验件是平板,则可以采用下式对沉积质量进行估计:

$$m_{dep} \approx \dot{m}_p \times t \times \sin|\alpha| \times \frac{S_{model}}{S_{test}} \qquad (4-14)$$

式中, $\dot{m}_p$ 是微颗粒质量流量; α 是实验件迎角; S_{model} 和 S_{test} 分别是实验件表面积和实验段横截面积。式(4 - 14)实际上是通过实验件的迎风面积来计算微颗粒撞击率[式(2-110)]得到的近似结果。如果假设实验件表面积是实验段横截面积的25%,石蜡流量为 10 g/min,实验时间为 1 min,实验件迎角为 5°,则可以得到微颗粒沉积质量约为 0.22 g,如果要测出该质量,并且要求精度在 1%,那么天平的精度至少在 2 mg 的水平。

4.3.5 主要实验结果

1. 实验件

两种实验件如图 4-6 所示,其中第一种实验件是平板[图 4-6(a)],第二种带有气膜冷却结构的平板[图 4-6(b)],气膜冷却结构如图 4-6(c)所示。为了能够为红外测温提供参考,在实验件上布置了 4 个热电偶。两种实验件的尺寸是一致的,平板是一个 137 mm(长)×150 mm(宽)×13 mm(厚)的平板,其中前缘和后缘均是直径为 13 mm 的半圆倒角;有气膜冷却的平板实验件在迎风面布置有一排共 15 个圆柱形的气膜冷却孔,距离前缘距离[即图 4-6(b)中的 L_{hole}]为38.5 mm,每个气膜冷却孔的直径均为 1.5 mm,孔间距为 3 倍的气膜孔直径。冷气射流角度为向后 45°。气膜孔与实验件内部的空腔相连,空腔与实验件后方的三个冷气通道,经测试一个气膜冷气通道流阻满足要求(实验中堵住两个气膜冷气通道)。实验件的安装方式如图 4-6(d)所示,注意为了方便观测,实验件的迎角实际上是负的,这样实验件的上表面就是压力面,而下表面就是吸力面,实验件通过

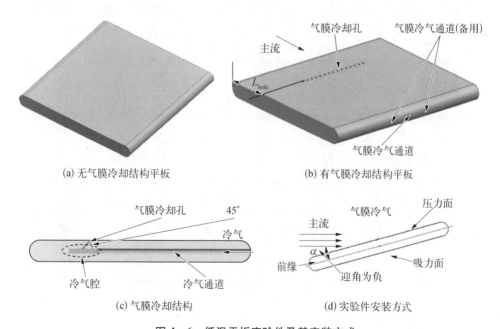

(a) 无气膜冷却结构平板 (b) 有气膜冷却结构平板

(c) 气膜冷却结构 (d) 实验件安装方式

图 4-6　低温平板实验件及其安装方式

一个夹持装置连接到支架的。下面提到所有的"迎角增加"均指"迎角绝对值增加",而不是其数值的增加。

2. 实验结果

本节将简要介绍主要实验结果,其中实验的主要参数如表 4-11 所示。按照表 4-11 中的参数,可以计算获得石蜡微颗粒的最大体积分数为 $4.2×10^{-7}$,那么石蜡微颗粒与主流形成的多相流为稀疏多相流动。

表 4-11　实验主要参数

石蜡熔点 $T_{p,s}$/℃	石蜡温度 $T_{p,0}$/℃	石蜡流量 $\dot{m}_p$/(g/min)	主流风速 v_∞/(m/s)	主流温度 T_∞/℃	迎角 α/(°)
44	60	10, 15, 20	10	30, 40, 50	-5, -10, -15

1) 不同迎角、不同微颗粒流量条件下的平板表面微颗粒沉积特性

在表 4-11 中的实验条件下,进行沉积实验 5 min,图 4-7~图 4-9 给出了迎角为-5°、不同流量条件下沉积分布规律。很明显,随着流量的增加,无论是在压力面(上表面)还是在吸力面(下表面),沉积量总体上是随着石蜡流量的增加而增加的。压力面的微颗粒沉积主要分布在压力面的中后部,且在展向呈均匀分布。吸力面的微颗粒沉积也基本分布在吸力面的中后部,但是在展向上更加集中于中间。作者猜想这是由于压力面和吸力面之间的压差,在两个侧缘产生类似于三维机翼翼尖涡的流动结构,导致微颗粒不易在吸力面侧缘附近产生沉积。不同石蜡流量

　　　(a) 压力面　　　　　　　　　　　　　　(b) 吸力面

图 4-7　无气膜冷却孔实验件上下表面石蜡沉积分布($t=5$ min, $T_\infty=40$℃, $\dot{m}_p=10$ g/min, $\alpha=-5°$)

(a) 压力面　　　　　　　　　　　(b) 吸力面

图 4-8　无气膜冷却孔实验件上下表面石蜡沉积分布（$t=5$ min，
$T_\infty=40℃$，$\dot{m}_p=15$ g/min，$\alpha=-5°$）

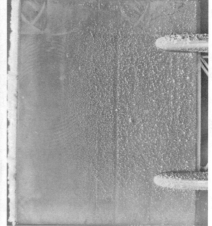

(a) 压力面　　　　　　　　　　　(b) 吸力面

图 4-9　无气膜冷却孔实验件上下表面石蜡沉积分布（$t=5$ min，
$T_\infty=40℃$，$\dot{m}_p=20$ g/min，$\alpha=-5°$）

的沉积分布是相似的,这是因为流动是稀疏多相流动,石蜡微颗粒对主流流动结构的影响较小,其运动主要由主流流动结构决定,大量石蜡微颗粒撞击实验件表面位置的统计规律不受石蜡流量的影响。

　　很明显,由图 4-7~图 4-9 可以看出,前缘的沉积很严重,图 4-10 给出了石蜡流量为 15/min、迎角为-5°条件下实验件前缘的沉积分布(其他石蜡流量对应的沉积分布类似)。可以看出,在前缘有一个展向区域的沉积厚度是较少的,而这个区域的上下沉积厚度是较多,所以前缘的沉积厚度呈"凹"字形,但是沉积质量分布未必类似,这是因为不同区域的沉积后的石蜡密度可能不一样。需要注意的是,在实验件前缘,石蜡沉积的边界非常粗糙,这是因为在进行长时间的实验过程中,由于石蜡沉积厚度的增加,其受到气流的作用力也相应增大,这种作用力可能会超过沉积后石蜡的强度,部分沉积后的石蜡会被气流带走。

图 4-10   无气膜冷却孔实验件前缘石蜡沉积分布($t=5\ \text{min}$,
$T_\infty = 40\text{℃}$, $\dot{m}_p = 15\ \text{g/min}$, $\alpha = -5°$)

图 4-11 给出了石蜡流量为 20 g/min 时不同迎角条件下实验件压力面的沉积分布,结合图 4-9(a),可以发现,随着迎角的增加,压力面沉积向实验件前部移动,其沉积量增加,但在展向上,沉积仍保持均匀性。图 4-12 给出了实验件前缘和压力面石蜡沉积量和沉积率,注意由于数值上的巧合,流量为 20 g/min 对应的沉积量和沉积率曲线是重合的。无论是对于前缘还是压力面而言,沉积量和沉积率都随着流量增加而增加。由于实验件前缘轮廓线是圆形,迎角的增加不能有效增加前缘附近的有效迎风面积,因此,前缘沉积量随着迎角增加变化不明显,例如,当石蜡流量为 20 g/min 时,随着迎角由-5°变为-15°,其沉积量由 1.6 g 增加到 1.7 g,最后变为 1.3 g,需要指出的是 1.3 g 这个数值可能偏小,因为有部分沉积后的石蜡

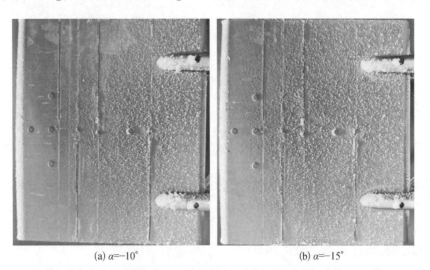

(a) $\alpha = -10°$ (b) $\alpha = -15°$

图 4-11   不同迎角条件下无气膜冷却孔实验件上表面石蜡沉积分布
($t=5\ \text{min}$, $T_\infty = 40\text{℃}$, $\dot{m}_p = 20\ \text{g/min}$)

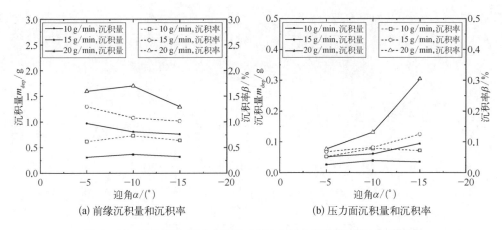

(a) 前缘沉积量和沉积率　　　　　　　(b) 压力面沉积量和沉积率

图 4-12　无气膜冷却孔实验件前缘和压力面石蜡沉积量和沉积率

会被气流带走。迎角的增加使得压力面迎风面积有效增加,压力面的沉积量基本上随着迎角增加而增加。显然,对于沉积量较大的情况,不能假设沉积率不依赖于微颗粒浓度,这是因为沉积量较大时,微颗粒沉积改变了结构表面的外形,其近壁面流动结构也被改变,例如,从图 4-10 可以看出,沉积后的前缘外形明显与原外形不同。

2) 加速实验

加速实验的目的是在较短的实验时间内模拟出实际中累积时间较长的沉积及其对涡轮叶片气动和换热性能影响。加速实验对于工程有重要意义,因为实际中涡轮叶片的沉积是一个长时间累积的结果,但是实验上难以进行很长时间,因此,找到一种短时间等效的模拟方法非常重要。

对于微颗粒沉积而言,由于流动是稀疏多相流动,一个简单的假设就是认为微颗粒沉积量与微颗粒体积分数(或其质量流量)和时间成正比,也就是说,为了模拟一个真实情况的沉积结果,只需要实验上投入的微颗粒总质量与真实情况一样即可。但是,这里需要注意的是,如果真实情况的微颗粒沉积厚度较大,上面的假设可能会失效。图 4-13 给出了迎角-5°和投入石蜡总质量一定条件下不同石蜡质量流量的沉积量,可以看出,前缘沉积量随着质量流量增加而增加,而压力面沉积量则随着质量流量增加而减少。

实际上,上面的假设也等效于沉积率与微颗粒质量流量无关,但是图 4-12 已经说明这个假设不严格成立。其原因就是沉积厚度改变了实验件外形,使得实验件近壁面流动结构发生变化,导致后续沉积与前面沉积建立了耦合关系。因此,还需要进行较为详细的实验研究建立相应的加速实验规范。

3) 气膜冷却对微颗粒沉积的影响

在 2.3.2 节已经对气膜冷却对微颗粒沉积的影响进行了分析,发现气膜冷气

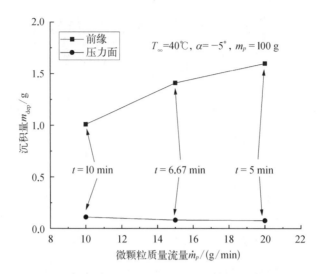

图 4‑13 石蜡投入质量一定时不同石蜡流量条件下的沉积量

与主流形成的流动会使得沉积增加,如图 2‑32 和图 2‑33 所示。下面给出不同吹风比的影响,如图 4‑14 所示。实验件为图 4‑6(b)所示的有气膜冷却的平板,实验时间为 40 s。从图 4‑14 可以看出,在两个迎角处,吹风比对前缘的沉积率影响不大;迎角为 −5° 时,吹风比对于压力面的沉积率迎角较小;迎角为 −15° 时,吹风比对压力面沉积率的影响较大,即沉积率由吹风比为 1.0 时的 0.93% 变为吹风比为 1.0 时的 1.56%,增加了约 68%。但是吹风比增加没有影响沉积分布的基本特征,如图 4‑15 所示,可以看出,在气膜孔的近下游沉积量较大,在气膜孔之间及其近下游,沉积量较少,在气膜孔的远下游,沉积逐渐呈展向均匀分布。

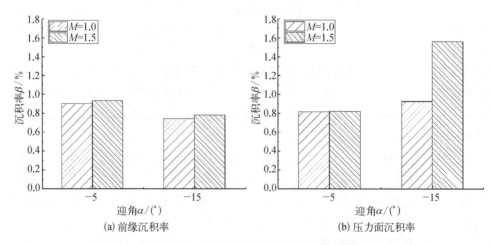

图 4‑14 不同吹风比对实验件前缘和压力面微颗粒沉积的影响
($t = 40\ \text{s}$,$T_\infty = 40℃$,$\dot{m}_p = 10\ \text{g/min}$)

(a) M= 0.98 　　　　　　　　　　　　(b) M= 1.47

图 4 - 15　迎角为-15°时,不同吹气比条件下实验件压力面微颗粒沉积分布
$(t=40\text{ s}, T_\infty=40℃, \dot{m}_p=10\text{ g/min})$

4) 微颗粒沉积对结构表面温度的影响

微颗粒沉积对结构表面的温度存在影响,对于不同几何结构的叶片,其影响可能不同。图 4 - 16 和图 4 - 17 分别给出了沉积前后无气膜冷却平板和有气膜冷却平板压力面的温度分布,它们对应的沉积分布分别如图 4 - 11(b)和图 4 - 15(a)所示。从图 4 - 16 可以看出,沉积前后无气膜冷却平板压力面温度分布及其大小变化不大,为 1~2℃,这是由于微颗粒沉积较薄,本身对温度分布影响不大。

T/℃
25 26 27 28 29 30 31 32 33 34 35 36 37 38 39 40

T/℃
25 26 27 28 29 30 31 32 33 34 35 36 37 38 39 40

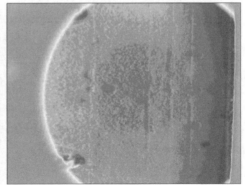

(a) 沉积前温度 　　　　　　　　　　(b) 沉积后温度

图 4 - 16　沉积前后无气膜冷却平板表面温度分布$(t=5\text{ min},$
$T_\infty=40℃, \dot{m}_p=20\text{ g/min}, \alpha=-15°)$

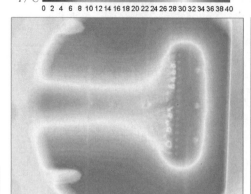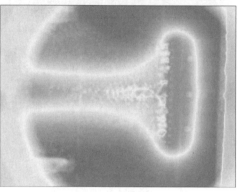

(a) 沉积前温度   (b) 沉积后温度

图 4-17   沉积前后有气膜冷却平板表面温度分布($t = 40\text{ s}$,
$T_\infty = 40\text{℃}$, $\dot{m}_p = 10\text{ g/min}$, $\alpha = -15°$, $M = 1.0$)

如图 4-17 所示,可以看出同样在冷气进口管道以及冷气腔周围区域,温度较低(24~32℃),而在上表面其他区域温度较高,其温度基本接近于主流温度,而在气膜冷却孔附近,温度最低,基本在 20℃以下。与初始时刻不同的是,在气膜冷却孔后部,高温区域明显扩大,这些区域的最高温度基本可以达到 32℃。对比图 4-15(a)可以发现,温度较高的区域基本是石蜡沉积量较大的区域,这说明石蜡沉积会造成实验件表面温度升高,这与无气膜冷却孔实验件的情况稍微有所不同。需要注意的是,对于有气膜冷却孔的实验件,其上表面低温区域要比无气膜冷却实验件大许多,熔融态石蜡此时到达实验件上表面发生了相变并沉积在结构表面时,释放热量速度会较快,此时主流以及气膜冷却或主流的散热速度可能相对较慢,这样就会导致石蜡沉积区域的局部高温。另外,微颗粒沉积对气膜冷却孔附件的流动结构造成了影响,这也是引起温度变化以及造成局部高温的一个主要原因。因此,对于有气膜冷却孔的涡轮导叶,微颗粒沉积可能会造成局部高温,如何使微颗粒沉积后的结构表面温度均布化是工程设计中需要重点考虑。

4.3.6   国内外低温实验系统

前面对低温实验系统以及测试方法进行了简要介绍,本小节将简要介绍国内外主要的微颗粒沉积低温实验系统。

宾夕法尼亚州立大学的 Lawson 等[26]建立的低温沉积实验平台如图 4-18 所示,该实验系统是开环低温风洞设备。空气进入鼓风机,并被鼓风机入口被加热器加热,加热后的空气流入主流腔室内与颗粒喷射装置喷射的微颗粒进行混合。在主流室中还安装有一个防溅挡板,防止主流在没有混合的情况下进入主流通道。

混合后的两相流体流入主流流道,通过流道入口的蜂窝结构和双层筛网,到达实验件。实验件安装在流道中部底端的壁面上,在实验件上方安装有冷却腔室,腔室连接冷却管路为实验件提供冷气。此外,在通道出口安装有两个颗粒过滤器,以过滤出口处主流中的微颗粒。实验中,采用激光多普勒法和粒子图像法测量主流湍流强度,采用红外成像法测量实验件表面温度。需要说明,由于实验件的安装位置,所以该平台只能进行平板表面气膜孔的沉积研究,而无法进行叶片前缘的沉积研究,同时由于实验件处于风洞壁面附近也对整个开口风洞流场和温度场的均匀性要求较高。

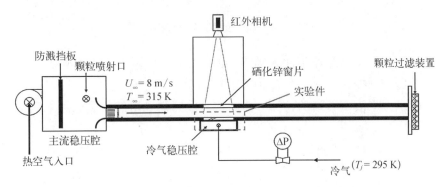

图 4-18　开环式低温风洞微颗粒沉积实验平台[26]

　　针对上述设计方案的不足,Lawson 等[18]对其团队已有的闭环式风洞实验平台[27]进行改进。图 4-19 为该风洞沉积实验平台及颗粒喷射系统示意图。空气由轴流风机驱动,在风机下游,空气流经热交换器冷却后分割为两股二次冷却流和一股主流。主流通过加热元件升温,通过一系列的筛网和蜂窝结构,流经湍流发生器,最后到达实验段。在实验段下游放置过滤器,以捕获石蜡微颗粒。其中,微颗粒喷射装置如图 4-20 所示,在湍流发生器上布置有两个雾化喷嘴,熔

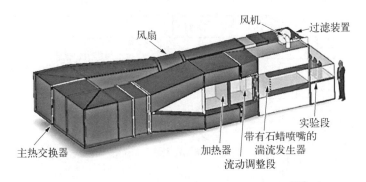

图 4-19　闭环式常温风洞颗粒沉积实验平台[18]

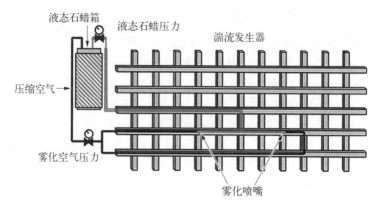

图 4 - 20 微颗粒喷射系统结构[18]

融的石蜡微颗粒从储蜡器中注入喷嘴,在雾化空气作用下将微颗粒雾化。通过气液调节器分别控制雾化空气压力和石蜡流量。对于给定的石蜡流量,调节雾化空气的压力来改变石蜡的粒径分布。实验中同样采用红外成像法来测量实验件表面温度。

美国得克萨斯大学奥斯汀分校的 Albert 等[21]建立了以回流式低速闭环风洞为主体的常温沉积实验平台,图 4 - 21 为该平台的原理示意图。主流气体由轴流风机驱动,依次经过加热器、稳定段、收缩段及湍流发生器,之后满足实验条件的主流气体与石蜡微颗粒掺混后流入实验段,在实验件上沉积,实验段后安装有空气过滤器,以去除主流中的石蜡微颗粒。此外,还有二次流系统为实验件提供冷气。其中与主流混合的石蜡微颗粒由蜡喷射装置雾化得到,蜡喷射装置如图 4 - 22 所示。喷嘴位于一段聚氯乙烯(polyvinyl chloride, PVC)管道中,同时在管道中安装有 4 条线路,分别为熔融蜡供应线路、控制线路、雾化空气线路和排气线路,以保证熔融蜡的温度始终保持在凝固温度之上。

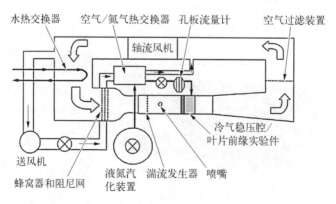

图 4 - 21 回流式常温风洞颗粒沉积实验台[21]

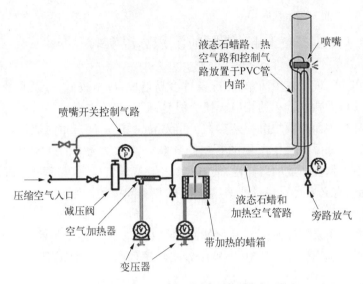

图 4-22 蜡喷射装置示意图[21]

此外,中国民航大学的杨晓军[24]团队也建立了低速开环风洞来研究气膜冷却平板上的颗粒沉积。实验系统如图4-23所示,空气被鼓风机吸入到加热罐中进行加热后进入到实验段。在加热罐与实验段之间的管段中安装有整流装置,喷蜡组件位于整流装置之前。射流由鼓风机从环境中提供,经过冷却换热装置和浮子流量计,进入到射流平板下面的集气室,之后分布到各个气膜孔中。实验中,使用热线风速仪测量流速,使用红外热像仪监测平板表面温度。

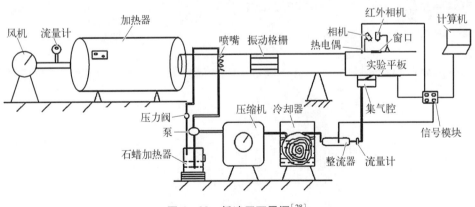

图 4-23 低速开环风洞[28]

可以发现,所有的实验系统基本上都包含有实验台(风洞)、喷蜡系统、冷气系统和测试系统。而相较其他团队的实验系统,本团队的低温实验系统最显著的优势是开/闭口两用的实验系统。

4.4 微颗粒沉积高温实验

低温实验的模型较为简单,工况条件容易达成,成本较低,可以通过较为全面的研究来获取微颗粒沉积的相应规律。但是,低温实验中微颗粒沉积与实际发动机中涡轮叶片表面微颗粒沉积还存在一定差异。其一,两者主流流场结构和温度有差异;其二,低温实验中所用的石蜡微颗粒与实际工况下的砂粒也存在一定区别;其三,由于物性造成的差异性,低温实验相比高温实验,其与真实情况的相似性要差。因此,有必要针对发动机真实工况以及实际中的微颗粒(如砂尘),开展高温条件下的沉积实验研究。

高温实验中采用砂粒作为污染物微颗粒,在真实燃气温度条件下,开展气冷涡轮叶片表面的沉积研究。其中,实验用砂实物图如图4-24(a)所示,是淡棕色固

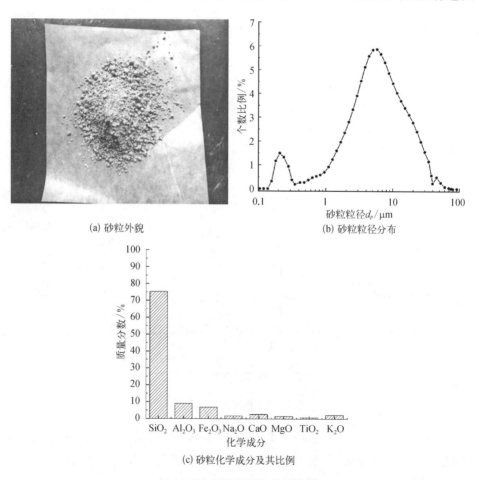

(a) 砂粒外貌 (b) 砂粒粒径分布

(c) 砂粒化学成分及其比例

图4-24 实验用砂的主要性质

体粉末,主要粒径小于 60 μm[图 4-24(b)],不溶于水,密度约为 2 650 kg/m³。通过 X 射线光电子能谱(X-ray photoelectron spectroscopy, XPS)谱图分析后的主要成分为 SiO₂(占比超过 70%),并包括少量的矿物元素氧化物,如图 4-24(c)所示,符合美军标 MIL-STD-3033 和 ISO12103 中对于微颗粒成分的相关规定。

高温实验的基本原理图如图 4-25 所示,砂粒从砂粒容器进入混合段,并与从入口进入此段的空气进行混合,在燃烧室前经过二次预旋后进入燃烧室,经过高温燃气加热,部分砂粒变为熔融态,此后砂粒从燃烧室流出进入实验段。在实验段,含有砂粒的燃气外掠单个实验件叶片,部分砂粒将沉积在实验件上,未沉积的砂粒进入回收段后被回收或被排放。从高温实验的原理可以看出,其完全模拟了外界微颗粒进入真实发动机并沉积在涡轮叶片的过程,和低温实验的一个区别是,高温实验的微颗粒直接利用燃气进行加热。

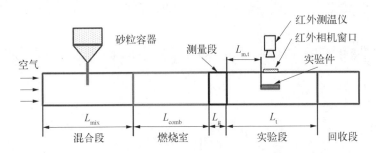

图 4-25　高温微颗粒沉积实验原理图

高温沉积实验是在高温高压环境中进行的,实验段必须是闭口的,需要在实验段上表面安装红外玻璃窗口,从而使得红外测温仪能够测量实验件表面温度。在高温实验中,如果实验件有气膜冷却结构,则需要考虑从气源引气来实现实验件的冷却气流供给。

在进行实验前,利用高精度分析天平称量实验件质量;在实验过程中,利用红外测温仪(红外相机)测量实验件的表面温度,并采用热电偶修正红外测温仪的测温数据;实验结束后,利用高精度分析天平称量实验件(含砂粒沉积物)的总质量,采用三维形貌扫描仪扫描实验件三维形貌,获得砂粒沉积后实验件的三维几何数据。利用实验前后的实验件质量差获得砂粒沉积量;还可以利用三维形貌扫描仪获得实验件沉积前后的三维几何数据,从而获得砂粒在实验件表面沉积厚度。

从以上内容可以看出,高温实验系统同样主要由以下几个子系统构成:

(1) 实验台——主要用于产生高温燃气(主流);

(2) 砂粒投放装置——主要用于投放砂粒,并与主流混合;

(3) 冷气系统——产生实验件气膜冷却所需要的冷气;

(4) 测量系统——测量温度、质量以及表面外形等的仪器。

4.4.1　实验台

实验台是高温微颗粒沉积实验的主要装置,其主要作用有以下几点:

(1) 产生满足实验要求的高温高压燃气;

(2) 混合主流和微颗粒(即砂粒),加热微颗粒,并且能够将其输运到实验件表面上;

(3) 固定实验件,并且能够调节实验件迎角;

(4) 提供能够用于红外测温的红外窗口(如图 4-33 所示,红外测温仪下方即为红外窗口)。

由此可以看出,实验台的设计必须考虑高温高压燃气的密封以及结构承热、承压的问题。图 4-26 给出了实验台的主要组成结构,其主要由混合段、扩张段、稳定段、燃烧室、收缩段、测量段、实验段和出口段组成。其中,在混合段和燃烧室之间有过渡段(扩张段),在燃烧室和测量段之间也有过渡段(收缩段),用于整流。

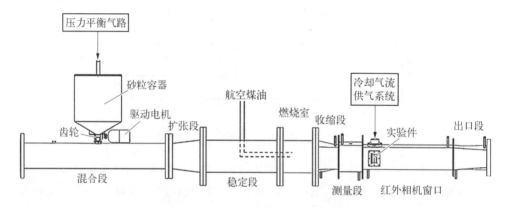

图 4-26　高温实验台的主要结构

砂粒投放装置在主流的上游,沿着主流方向,分别是燃烧室、实验段,在实验段上游的侧面安装有实验件安装支架,将实验件固定在实验段,由冷气系统产生的气膜冷气经过实验件安装支架内部进入实验件(涡轮导叶)内部。在出口段安装背压阀,用于调节主流压力以及流量。本书不介绍燃烧室、过渡段、出口段以及背压阀,下面将详细介绍混合段、测量段、实验段。

1) 混合段

混合段位于实验台的最上游,如图 4-27 所示,高压空气从混合段开始进入实验台。混合段主要作用是固定砂粒投放装置,并充分混合砂粒和主流,使砂粒能够均匀地进入燃烧室。因此混合段要足够长,混合段长度可以根据斯托克斯数的计算进行确定。

在主流的作用下,砂粒将在混合段与主流均匀混合。进入混合段的高压空气是预加热过的,于是砂粒在进入燃烧室之前,在混合段也是预加热过的,可以根据热缩放系数(TSP)确定砂粒进入燃烧室前的温度是否达到主流温度。

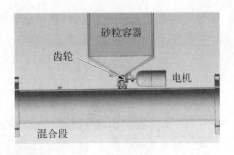

图 4 - 27 是混合段的结构图。如图所示,其横截面是一个直径为 15 cm 的圆,其长度为 90 cm,砂粒投放装置安装在混合段的中部。

图 4 - 27　混合段的结构图

2) 测量段

图 4 - 28 为测量段结构图。测量段主要用于整流以及测量进入实验段主流的温度。长度为 16 cm,内壁面为横截面 10 cm×10 cm 的正方形。冷却水从外壁面下端的水管供入,从外壁面上端的水管排出。测量段上壁面开有热电偶测量孔,用以放置热电偶,实现对实验段进口前的燃气温度的测量,测点位置如图所示。由于中心分级单管燃烧室出口温度沿中心基本对称,在测量段靠近测量孔的一半布置三个测点,认为另一半温度分布与其对称。

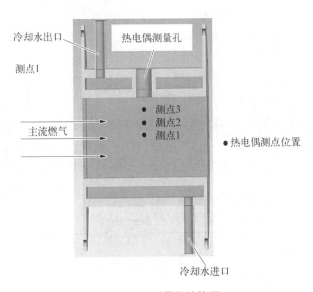

图 4 - 28　测量段结构图

3) 实验段

图 4 - 29 为实验段结构图。实验段内壁的横截面 10 cm(宽)×10 cm(高)的正方形。实验件通过一个空芯轴固定安装在实验段前部,在空芯轴内设置冷气通道,使得冷气能够进入实验件内部,从而产生冷却气膜;同时热电偶引线也可从空芯轴通过。此外,实验件一端与实验段有小缝隙,以防止由于燃气加热后实验件长度增加

导致其与实验段侧壁接触。通过旋转安装座角度,可以实现实验件迎角的变化,迎角变化范围为-10°~-40°。实验段侧壁开有红外观察窗,以便于测量实验件表面温度。

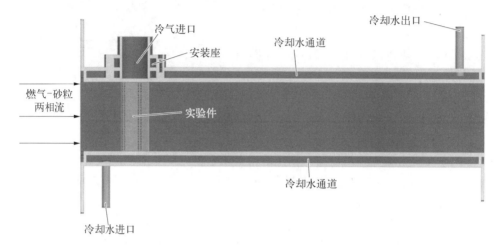

图 4-29　实验段结构图

由于实验段内有高温燃气,为了防止壁面温度过高而损坏,在实验时实验段内壁面需要通过供水进行冷却。冷却水从外壁面前端的水管供入,从外壁面后端的水管排出。

红外窗口为红外玻璃,不能在过高的温度下使用,需要考虑其散热问题,同时还需要减少在燃烧室点火瞬间产生的高温燃气对红外玻璃造成的热冲击。为此,在红外窗口处设计气膜冷却结构,如图 4-30 所示,在红外玻璃下面有保护冷气流过,从而隔开主流高温以及红外窗口,还可以防止砂粒沉积在红外窗口上,同时还不影响测温。红外窗口保护冷气的平均速度应该与实验段主流速度基本相同,以

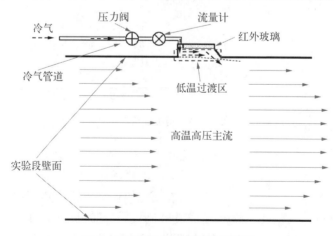

图 4-30　红外窗口气膜冷却结构

减少两股气流的剪切,提高隔温效果。

4.4.2　砂粒投放装置

　　微颗粒制备装置(砂粒投放系统)的主要功能是将砂粒投放到实验台的混合段。图 4–31 是砂粒投放装置的原理图。如图 4–31 所示,砂粒投放系统由砂粒容器、齿轮、主电机、翅片、副电机和容器平衡压力管道等组成。砂粒容器用来放置砂粒,齿轮固定在一根齿轮轴上,齿轮轴通过两个轴承固定在砂粒容器下方管道的轴承腔上,两个球轴承分别由两个轴承盖子密封,与外界环境隔绝。主电机带动齿轮转动,齿轮转动后会将容器里面的砂粒带入混合段,可以通过调节电机的转速来控制砂粒的质量流量。为了实现投砂系统的稳定工作,设计时还考虑了如下几个方面的问题。

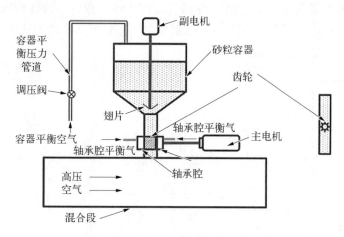

图 4–31　砂粒投放装置

　　第一,在进行实验时,混合段的压力是高于外界压力的,因此为了防止砂粒在气流作用下向上反冲,需要从容器平衡压力管道引入高压气平衡混合段的高压。容器平衡空气从单独气源引入,通过调压阀控制压力平衡;也可以直接从混合段上游引气平衡。

　　第二,在进行实验时,砂粒容器和混合段的压力均较高,导致在轴承附近压差过大,使砂粒在压差的作用下进入轴承。因此,需要从轴承侧端的盖板处通入平衡气以减小压差,从而防止由于砂粒进入轴承滚子而导致轴承不能正常转动。

　　第三,由于实验中所采用的砂子粒径较小(5~60 μm),砂粒容易黏结,导致砂粒不能顺畅地进入混合段。因此,在砂粒容器内部的一根轴上安装翅片,如图 4–30 所示,当副电机转动时,翅片也会转动,从而可以有效减少砂粒黏结,保证砂粒投放的稳定性和可靠性。

　　此外,在投砂系统中,砂粒的质量流量也是需要确定的一个重要参数。对于真实发动机涡轮叶栅通道内的砂粒,其体积分数为 $10^{-8} \sim 10^{-6}$,使用时间一般在几百小时以上。根据加速实验准则(4.3.5 节),可以适当提高微颗粒浓度,从而期望将在较短时间模拟真实情况中几百小时的沉积特性。

4.4.3　冷气系统

实验件如果有气膜冷却结构,则需要向实验件提供冷气。这里的"冷气"是相对于高温主流燃气而言的;而与环境温度相比,其温度还是较高的。

冷气系统的原理图如图 4‒32 所示。冷却气流由高压气罐提供,气罐引出的气流通过电加热器进行加热,最大加热温度可达 673 K。加热后的气流分为四路,其中两路为叶片提供冷气,一路为投砂装置提供压力平衡气,最后一路为旁路放气用以保证冷却气流稳定。为了减少冷却气流在传输过程中与外界的换热,在冷气系统管路、气动阀、流量计等元件外壁包裹保温隔热材料。冷却气流量通过气动阀门控制,并使用流量计进行测量。

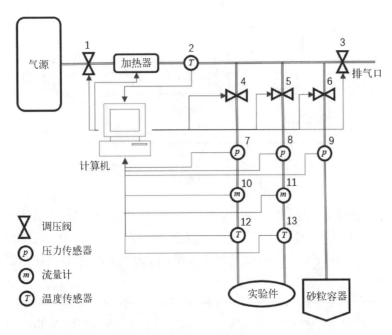

图 4‒32　冷气系统原理图

4.4.4　测试技术

高温实验中使用的主要测试仪器及其主要功能如下:① 红外测温仪,用于测量叶片表面温度;② 微质量分析天平,用于测量砂粒沉积质量;③ 三维形貌扫描仪,用于测量叶片表面微颗粒沉积厚度。这里简单介绍三维形貌扫描仪。

三维形貌扫描仪的主要功能是测量微颗粒的沉积厚度,其测量系统的基本结构如图 4-33(a)所示,主要包括光栅发射器、两架相机和一台计算机。图 4-33(b)是三维形貌扫描仪的实物图(天远三维公司生产的 OKIO-5M-100 系列扫描系统),其主要参数指标如表 4-12 所示。在进行测量操作时,首先扫描一个初始状态干净的叶片,沉积实验后再次扫描,对比前后两次的扫描结果,获取其几何上的差异从而得到沉积物的厚度。

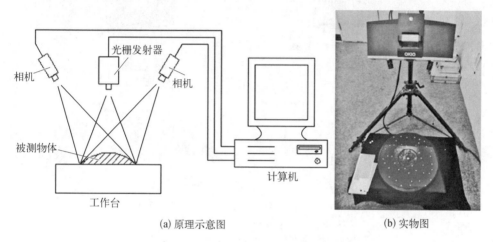

(a) 原理示意图   (b) 实物图

图 4-33 三维形貌扫描系统

表 4-12 三维形貌扫描主要参数指标

测量范围/mm×mm	相机扫描采样像素	测量精度/μm
100×75	500 万	5

此外,在涡轮叶片上还安装有 K 型热电偶,其测量不确定度为 1 K;冷气温度通过 PT100 热电阻测量,温度范围为 0~300℃,测量误差为 ±0.5 K;冷气流量仍使用孔板流量计测量,流量范围为 0~10 g/s,测量不确定度为 0.6%。

4.4.5 主要实验结果

1. 实验件

实验件几何结构如图 4-34 所示,叶片为直叶片,叶高为 10 cm,弦长为 5 cm。在压力面前部、后部和吸力面前部共设置 6 排冷却气膜孔,气膜孔为典型圆柱孔,直径 D 为 0.5 mm,沿叶高方向,孔中心间距约为 $4.5D$,每排孔个数为 40 个。

图 4-34(c)为叶片中间叶高截面的结构图,叶片内部通过中间隔板分割形成两个冷却腔室,冷却气流从入口分别供入两个腔室,前腔冷气通过压力面前缘和吸

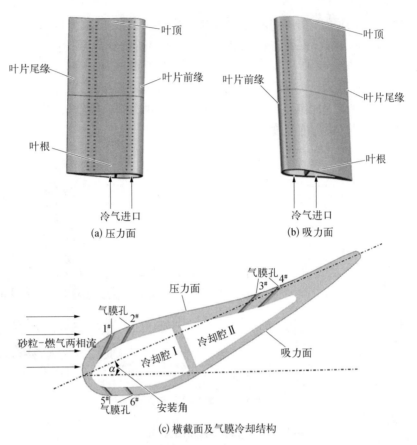

(a) 压力面   (b) 吸力面

(c) 横截面及气膜冷却结构

图 4-34   高温沉积实验件

力面前缘气膜孔排出,后腔冷气通过压力面尾部两排孔排出。同时,为了测量实验件表面温度并校准红外相机,在叶片压力面中间叶高位置布置 4 个热电偶测点。

2. 实验结果

主要实验条件如表 4-13 所示,在实验中冷气的温度控制在 355~358 K。

表 4-13   高温沉积实验主要参数

平均燃气温度 T_∞ /K	迎角 α /(°)	投砂质量 m_p /g	吹风比 M	实验时间 t /min
1 250, 1 518, 1 626	−25	300	2.5, 3.0, 3.5	30

1) 不同燃气温度的微颗粒沉积特性

图 4-35 给出平均燃气温度为 1 250 K、1 518 K 和 1 626 K 时,叶片压力面砂粒沉积分布,可以看出,随着平均燃气温度的上升,沉积量明显增大;前两个平均燃气

温度虽然相差约 270 K,但是两者对应的沉积特征接近;后两个平均燃气温度虽然仅相差约 110 K,但是燃气温度 1 626 K 对应的沉积量明显比燃气温度 1 518 K 对应的沉积量要大。图 4-36 给出了不同燃气温度条件下的叶片表面微颗粒总沉积率,显然当平均燃气温度大于 1 518 K 时,微颗粒沉积率增加很快,这与 2.2.1 节的讨论结果是一致的。当平均燃气温度为 1 626 K 时,其燃气的最大温度约为 1 850 K,这一温度已经超过微颗粒的软化温度,因此,主流中心的微颗粒撞击叶片表面后的黏附率会接近 1,导致该平均燃气温度条件下的沉积率较高。从图 4-35(c)可以看出,叶根到叶片中部的沉积特征与低温条件下有气膜冷却结构平板压力

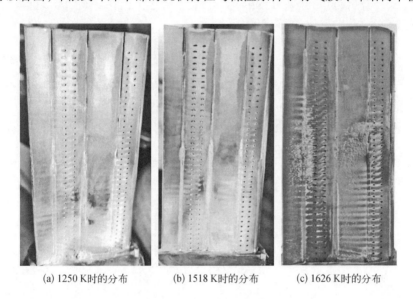

(a) 1250 K时的分布　　(b) 1518 K时的分布　　(c) 1626 K时的分布

图 4-35　不同平均燃气温度条件下叶片压力面微颗粒沉积分布($\alpha=-25°$, $M=3.0$)

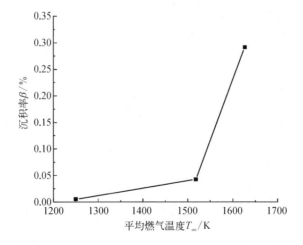

图 4-36　不同燃气温度条件下叶片表面微颗粒沉积率($\alpha=-25°$, $M=3.0$)

面沉积特征类似,即在气膜冷却孔近下游微颗粒沉积较多,在两孔之间的近下游,沉积相对较小,说明低温沉积实验具有一定的参考意义。

2）不同吹风比的微颗粒沉积特性

图 4-37 给出了平均燃气温度为 1 626 K、迎角为 −25°时,不同吹风比条件下叶片压力面微颗粒沉积分布。可以看出,当吹风比为 2.5 时,在叶片压力面中上部有沉积,且有明显的包块,在前排和后排气膜冷却孔附近均有沉积;当吹风比为 3.0 时,在叶片压力面中部沉积量较大;当吹风比为 3.5 时,可以发现,沉积明显减少。图 4-38 给出了不同吹风比条件下叶片表面微颗粒沉积率,可以看出,随着吹风比

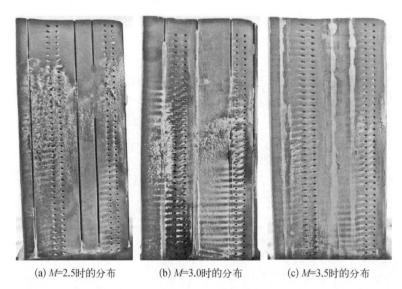

(a) M=2.5时的分布　　　　(b) M=3.0时的分布　　　　(c) M=3.5时的分布

图 4-37　不同吹风比条件下叶片压力面微颗粒沉积分布(α=−25°, T_∞=1 626 K)

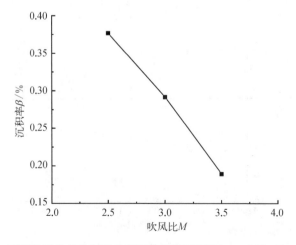

图 4-38　不同吹风比条件下叶片表面微颗粒沉积率(α=−25°, T_∞=1 626 K)

的增加,沉积率是减少的,这与 Ai[28]的规律是一致的。由于大吹风比情况下,冷气对微颗粒的吹拂作用明显,在这种情况下,随着吹风比的增加,冷气的吹拂作用越来越明显,就减少了微颗粒的撞击率,从而减少其沉积率。

4.4.6　国内外高温实验系统

本小节将简要介绍国内外研究机构的高温实验系统。美国杨百翰大学的 Jenson[6]等通过研究建立了可以模拟微颗粒沉积的涡轮加速沉积实验台(TADF)。其实验平台以及实物图如图 4‐39 所示。主流空气和微颗粒分别从燃烧室底部进入,并在燃烧室内进行掺混。同时,天然气也通过燃料喷射器喷入主流中,经过燃烧加热后,燃烧流进入到一个锥形喷嘴的管道中,在喷嘴出口实现微颗粒和主流热平衡和速度平衡,并保证主流马赫数($Ma=0.2$)与实际涡轮运行范围一致,之后冲击在涡轮叶片实验件上。通过该平台可以用 4 小时左右的加速实验模拟上万小时实际涡轮环境运行后微颗粒沉积情况。实验中,采用 K 型热电偶来测量主流燃气和冷气的温度,采用 RGB 相机和双色测高温法测量实验件表面的温度。

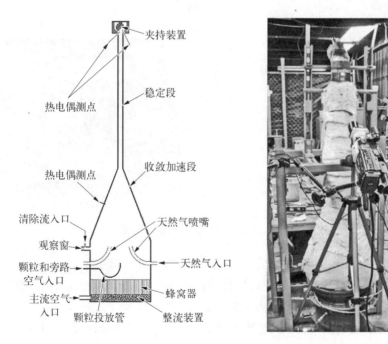

图 4‐39　涡轮叶片微颗粒沉积加速实验平台(TADF)[6]

美国俄亥俄州立大学 Smith 等[29]设计了具有叶栅通道的高温沉积实验平台(turbine reacting flow rig, TuRFR),如图 4‐40 所示。主流气体由两个高压储气罐供气,经过调节器和孔板流量计后,气体被分为4部分:主气流、气膜冷却气流、燃料预混气流和混有微颗粒的气流。空气通过蜂窝系统均匀分散并变为直流,之后喷射微颗粒和天然气混合后进入燃烧段。燃烧段中设置有均匀分布的8个燃烧管,每根燃烧管的末端都布置有4个火焰座。加热后的主流在锥形通道加速至马赫数0.1~0.3,经过平衡段使微颗粒与气体达到动力学和热力学平衡,此后经过过渡段到达实验部位。在平台两侧有两个观察窗口(其中一个配备了静压端口和热电偶),如图4-40(b)所示,其窗口可以采用光学测量技术等对沉积过程进行纪录,也可以在线测量实验件的表面温度,这一点是TuRFR平台是优于TADF平台的。

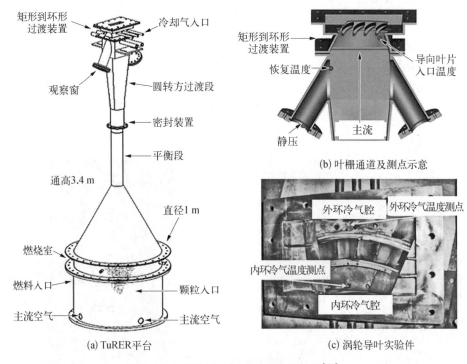

图 4-40　涡轮导叶加速沉积实验装置[29]

　　虽然近些年来我国航空发动机行业发展较快,但由于起步晚且经验不足,而设计并建立高温燃气工况下的两相流动实验测试平台的周期较长,相应技术及测试手段不是十分完善,导致高温微颗粒沉积实验平台和相应实验手段较少。目前在国内公开发表的文献中,高温环境下涡轮叶片微颗粒沉积的相关实验研究成果还比较少见。

4.5　微颗粒沉积实验安全

　　在微颗粒沉积实验中,无论是高温实验和低温实验,均涉及一些高温或高压部件,因此要避免高温高压等危险,但由于两类实验的实验设备和实验环境不同,防范措施也有所差异。此外,还需要做到其他几个方面的防护。

1. 低温实验高温高压安全防护

1)高温防护

在风洞中装有空气加热器,加热器在运行时外表温度较高,因此实验人员在进行实验时不能靠近该加热器,同时在加热器外表装有隔热板以减少高温影响。

2)高压防护

低温实验中如果利用液氮汽化产生冷气,则需要防止液氮汽化造成的高压。采取措施如下:① 在液氮罐装有排气阀,设定一定的压力,当液氮罐内部压力达到设定压力后,排气阀会主动排气减压;② 当实验结束后,如长期不使用液氮,应排放液氮罐内的液氮,避免造成高压爆炸。

2. 高温实验高温高压安全防护

1)高温防护

在燃烧室后方,采用水套冷却方法冷却测量段、实验段等,其结构如图 4 - 28 所示。在打开燃烧室前,必须先供冷却水,让冷却水充满整个水套,并形成流动;在关闭燃烧室前,不能停止冷却水流动。

对于红外玻璃,采用气膜冷却方式对其进行散热;在打开燃烧室前,必须先将冷却气开至最大,等待燃烧稳定后,缓慢调低冷却气流量,直至能满足冷却要求;关闭燃烧室后,气膜冷气需要继续供应一段时间,然后缓慢降低流量,直至关闭。

2)高压防护

采用较厚钢板用于加工实验台各个子段;同时,采用先进的焊接工艺焊接各个接口;对于某些特殊管路,采用线切割方法进行成型。

3. 用电安全

两类实验中都需要使用空气加热器加热主流空气,这类空气加热器功率较大,且不容易按照所需温度快速调节其功率,因此有时会造成加热器过热,从而可能导致火灾等安全事故。为此,需要注意以下两点。

其一,对于低温实验,关闭空气加热器后,需要保持风洞运行一段时间,利用主流让加热器降温室温,然后才能关闭风洞;对于高温实验,在加热器下游出口装有调节阀,用于调节加热器内部气流的流量,保证其散热。

其二,在调节温度时,使用阶梯式方法调节加热器功率缓慢达到所要求温度。

同时,低温实验中喷蜡系统使用的空气加热器,应该先关闭空气加热器电源,然后继续通气,使气流温度降低至室温。

4. 微颗粒扩散

在进行实验时,微颗粒可能会少量泄漏到实验室,因此需要做到以下防护:

(1)实验人员应该穿着工作服,戴护目镜以及防毒面具;

（2）实验中开启排风系统,保持实验室内部空气清洁。

此外,还需要在实验段后部设置收集微颗粒的装置,减少未沉积的微颗粒扩散到环境中对环境造成的污染。

4.6 小　　结

实验是研究微颗粒沉积问题和验证数值模拟的重要方法。由于微颗粒沉积问题的特殊性,实验方法又分为低温实验和高温实验方法,两种方法各有利弊,低温实验简单易行,能够获得丰富的结果和规律,高温实验工况条件要求较高,操作复杂,但是相对于低温实验,高温实验能够更加真实地反映微颗粒在发动机涡轮叶片表面的沉积现象和规律。无论是低温实验和高温实验,在进行实验设计时,都应考虑相似性分析,尽可能使得实验与真实情况相似。本章对沉积实验的相似性分析进行了讨论,这些讨论是探索性的,但对于设计实验以及结果的分析讨论仍具有意义。作为参考,本章还给出了低温和高温实验设计实例,并对实验结果进行了讨论,这些结果为数值计算提供了有力支撑,完善了微颗粒沉积规律。目前的实验方法还略显单一,属于宏观上的"验证"性方法,未来应该建立更加精细的实验方法,获得微颗粒沉积过程,为进一步揭示微颗粒沉积机理以及建立更加精确的沉积模型提供直接实验基础。

参考文献

[1] 王新月.气体动力学基础[M].西安:西北工业大学出版社,2006.

[2] 刘野.高压涡轮工作叶片型面换热特性研究[D].沈阳:沈阳航空航天大学,2020.

[3] 付仲议.涡轮叶片 W 型孔换热和气膜冷却特性研究[D].西安:西北工业大学,2019.

[4] 葛绍岩.气膜冷却[M].北京:科学出版社,1985.

[5] White F M. Viscous fluid flow[M]. New York:MacGraw-Hill Book Company Inc., 2006:81 - 82.

[6] Jensen J W, Squire S W, Bons J P, et al. Simulated land-based turbine deposits generated in an accelerated deposition facility[J]. Journal of Turbomachinery, 2005, 127: 462 - 470.

[7] 胡晓煜.世界中小型航空发动机手册[M].北京:航空工业出版社,2006:293 - 298.

[8] Han J, Dutta S,Ekkad S V. Gas turbine heat transfer and cooling technology[M]. Florida: Taylor & Francis Group, 2012:7 - 9.

[9] 黄勇,李维,贺宜红.小型航空发动机特点及换热问题综述[J].南京航空航天大学学报, 2016(3):310 - 316.

[10] Bons J P, Crosby J, Wammack J E, et al. High-pressure turbine deposition in land-based gas turbines from various synfuels[J]. Journal of Engineering for Gas Turbines and Power, 2007, 129:135 - 143.

[11] 刘长福,邓明.航空发动机结构分析[M].西安:西北工业大学出版社,2006:170.

［12］ Krishnaiah S, Singh D N. Determination of thermal properties of some supplementary cementing materials used in cement and concrete［J］. Construction and Building Materials, 2006, 20: 193 – 198.

［13］ Rolls-Royce. The jet engine［M］. London: Rolls-Royce Publications, 1996: 37 – 38.

［14］ Tolpadi A K. A numerical study of two-phase flow in gas turbine combustors［R］. AIAA 92 – 3468, 1992.

［15］ Wang Q, Tian S, Wang Q, et al. Melting characteristics during the vitrification of MSWI fly ash with a pilot-scale diesel oil furnace［J］. Journal of Hazardous Materials, 2008, 160: 376 – 381.

［16］ Li R, Wang L, Yang T, et al. Investigation of MSWI fly ash melting characteristic by DSC – DTA［J］. Waste Management, 2007, 27: 1383 – 1392.

［17］ Lawson S A, Thole K A, Okita Y, et al. Simulations of multi-phase particle deposition on a showerhead with staggered film-cooling holes［J］. Journal of Turbomachinery, 2012, 134: 051041.

［18］ Lawson S A, Thole K A. Simulations of multi-phase particle deposition on endwall film cooling［J］. Journal of Turbomachinery, 2012, 134(1): 011003.

［19］ Lawson S A, Lynch S P, Thole K A. Simulations of multiphase particle deposition on a nonaxisymmetric contoured endwall with film-cooling［J］. Journal of Turbomachinery, 2013, 135: 031032.

［20］ Lawson S A, Thole K A. Simulations of multiphase particle deposition on endwall film-cooling holes in transverse trenches［J］. Journal of Turbomachinery, 2012, 134: 051040.

［21］ Albert J E, Bogard D G. Experimental simulation of contaminant deposition on a film cooled turbine airfoil leading edge［J］. Journal of Turbomachinery, 2012, 134: 051014.

［22］ Albert J E, Bogard D G. Experimental simulation of contaminant deposition on a film cooled turbine vane pressure side with a trench［J］. Journal of Turbomachinery, 2013, 135(9): 051008.

［23］ Davidson F T, Kistenmacher D A, Bogard D G. A study of deposition on a turbine vane with a thermal barrier coating and various film cooling geometries［J］. Journal of Turbomachinery, 2014, 136: 041009.

［24］ 杨晓军,崔莫含,刘智刚.气膜冷却平板表面颗粒物沉积的试验研究［J］.推进技术,2018, 39: 1323 – 1330.

［25］ 张斐,刘振侠,刘振刚,等.不同来流条件对涡轮叶片表面颗粒沉积影响的实验研究［J］. 推进技术,2019,40: 1536 – 1545.

［26］ Lawson S A, Thole K A. Effects of simulated particle deposition on film cooling［J］. Journal of Turbomachinery, 2011, 133: 021009.

［27］ Lynch S P, Sundaram N, Thole K A, et al. Heat transfer for a turbine blade with non-axisymmetric endwall contouring［J］. Journal of Turbomachinery, 2011, 133: 011019.

［28］ Ai W, Laycock R G, Rappleye D S, et al. Effect of particle size and trench configuration on deposition from fine coal flyash near film cooling holes［J］. Energy and Fuels, 2011, 25: 1066 – 1076.

［29］ Smith C, Barker B, Clum C, et al. Deposition in a turbine cascade with combusting flow［C］. Glasgow: Proceedings of the ASME Turbo Expo 2010: Power for Land, Sea, and Air, 2010.

第 5 章
涡轮叶片表面微颗粒沉积防护技术

前面几章对微颗粒沉积的物理过程、基本理论、主要规律、数值模拟和实验方法进行了介绍,本章将对涡轮叶片表面微颗粒沉积防护技术进行讨论。微颗粒沉积会对涡轮叶片气动和换热造成诸多负面影响,减少这种负面影响对于发动机可靠性和寿命具有重要意义。但是,事实上,关于沉积防护技术,目前从气动和换热方面并没有展开较为深入的研究,本章仅基于当前的研究结果,对沉积防护技术进行探索性的讨论。本章也不深入讨论基于表面涂层等方法的沉积防护技术。

5.1 涡轮叶片表面微颗粒沉积防护技术概述

涡轮叶片表面微颗粒沉积防护技术的目的是减少微颗粒沉积带来的负面影响。一个直接的做法就是减少微颗粒沉积总质量,但是理论上这个方法未必能够减少微颗粒沉积带来的负面影响,一个极端的典型例子是假设某一技术使得微颗粒沉积在叶片少数气膜冷却孔附近,甚至使得微颗粒沉积堵塞气膜冷却孔,那么即使沉积总质量较少,也会引起叶片表面的局部高温,这显然对叶片可靠性和寿命是不利的。因此,沉积防护的手段不能仅考虑减少沉积总量,还需要"优化"沉积分布,减少叶片重要部位或薄弱部位的沉积量。当然,如果能够减少叶片每个局部部位的沉积量显然更优。

在第 2 章,定义沉积率 β 为撞击率 β_{imp} 和黏附率 β_{stick} 的乘积,即

$$\beta = \beta_{stick}\beta_{imp} \qquad\qquad (5-1)$$

对于叶片局部部位,仍然可以应用式(5-1)。显然,如果能够减少撞击率和黏附率,则能够减少叶片某局部部位表面的沉积量。撞击率涉及微颗粒在叶片表面的撞击位置,因此,撞击率与燃气流动结构相关性较大;黏附率主要与微颗粒撞击叶片表面的运动状态和温度有关,当微颗粒接近熔融态时,黏附率则主要与微颗粒温度有关,因此可以从流动和换热方面建立沉积防护技术,图 5-1 给出了基于表面

扰流结构建立沉积防护技术的基本思想,其中微颗粒撞击状态包括其运动状态和温度。当然也可以结合沉积防护基本思想,重新设计叶片以及相应的工况来减少沉积带来的负面影响。

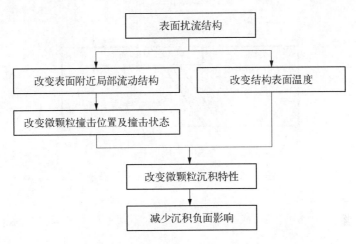

图 5-1　沉积防护技术基本思想

由于航空发动机涡轮前温度越来越高,对叶片的冷却越来越重要。气膜冷却是一种最常见的叶片冷却方法,本章着重讨论气膜冷却叶片表面微颗粒沉积防护技术。

5.2　横向开槽技术

通过改变气膜冷却孔的形状可以改变气膜冷却效率[1]。可以通过设置横向槽改善气膜冷却效率[2],其原因是横向槽使得气膜孔下游出现了反肾形涡,有效地抑制了肾形涡引起冷气上移的效应,从而使得冷气贴壁性更好,提高了冷效率。显然,横向槽能够改变气膜孔附件的近壁面流动结构(3.4 节),因此,通过设置横向槽也可以改变微颗粒沉积特性[3-5]。在第 3 章,采用数值模拟研究了横向槽对微颗粒沉积的影响,本章结合实验结果介绍横向槽对微颗粒沉积的影响。

5.2.1　横向槽的设置

横向槽的基本结构如图 5-2 所示。在气膜冷却孔附近开横向浅槽,沿着气膜冷却孔排进行设置,即在图 5-2 所示的简单气膜冷却结构中,开槽方向垂直于主流方向,有两个横向槽的参数:槽的深度 H 和宽度 W。图 5-3 是低温和高温沉积实验中开槽实验,其中两种实验件的基本尺寸和气膜冷却结构分别与 4.3.5 节、4.4.5 节的实验件相同。表 5-1 和表 5-2 分别给出了低温和高温沉积实验件的横向槽的基本尺寸,表中"D"表示气膜冷却孔的直径,为了方便描述,表 5-1 和表 5-2 也给出了具有不同尺寸的横向槽的实验件名称。

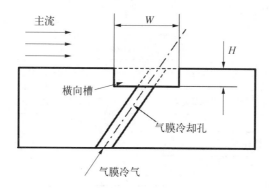

图 5-2　横向槽结构及其设置示意图

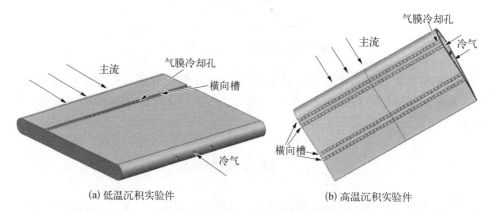

| (a) 低温沉积实验件 | (b) 高温沉积实验件 |

图 5-3　设置横向槽的沉积实验件

表 5-1　低温沉积实验件的横向槽尺寸

序　号	横向槽宽度 W	横向槽深度 H	实验件名称
1	—	—	光滑模型
2	2.0D	0.75D	2.0D×0.75D 模型
3	1.5D	0.75D	1.5D×0.75D 模型
4	2.5D	0.75D	2.5D×0.75D 模型
5	2.0D	0.50D	2.0D×0.50D 模型
6	2.0D	1.00D	2.0D×1.00D 模型

表 5 - 2 高温沉积实验件的横向槽尺寸

序　号	横向槽宽度 W	横向槽深度 H	实验件名称
1	—	—	光滑模型
2		0.8D	0.8D 模型
3	3.0D	1.2D	1.2D 模型
4		1.6D	1.6D 模型

5.2.2 横向槽对微颗粒沉积量的影响

采用 4.3 节的低温沉积实验方法,可以得到不同尺寸横向槽对微颗粒沉积量的影响规律。图 5 - 4 和图 5 - 5 给出了低温条件下具有不同深度和宽度的横向槽的实验件压力面的沉积率 β(其中,主流温度 $T_\infty = 40℃$,吹风比 $M = 1.0$),图中横坐标"Ref"表示光滑模型,其他表示相应的开槽模型。从图 5 - 4(a)可以看出,当迎角为 -5°时,光滑模型压力面的沉积率约为 0.82%,所有深度横向槽均可以使得压力面沉积率减少,并且随着横向槽深度的增加,沉积率逐渐减少,特别地,2.0D×1.00D模型压力面沉积率约为 0.40%,相对于光滑模型,减少了约 50%。从图 5 - 4(b)可以看出,随着横向扰流槽宽度的增加,实验件压力面的沉积率也增加;相对于光滑模型压力面的沉积率,1.5D×0.75D 模型和 2.0D×0.75D 模型压力面沉积率均有所下降,即分别下降 26% 和 9.3%,但是 2.5D×0.75D 模型压力面的沉积率却增加了 23%。

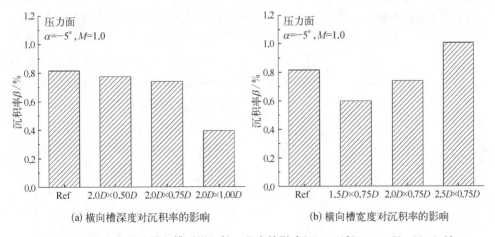

(a) 横向槽深度对沉积率的影响　　　　(b) 横向槽宽度对沉积率的影响

图 5 - 4　低温条件下横向槽对微颗粒沉积率的影响($T_\infty = 40℃$,$\alpha = -5°$,$M = 1.0$)

当迎角为 -15°时,如图 5 - 5(a)所示,可以发现,随着横向槽深度的增加,实验件表面微颗粒沉积率减少,其中 2.0D×1.00D 模型压力面沉积率约为 0.69%,相对于光滑模型的 0.93% 降低了约 26%,但是对于 2.0D×0.50D 模型和 2.0D× 0.0.75D,两者的沉积率相对于光滑模型分别增加了 38% 和 15%,这是与迎角为 -5°时不同之处。从图 5-5(b)可以看出,随着横向宽度的增加,实验件压力面沉积率是增加的,这与迎角为-5°时的情形一致,但是只有 1.5D×0.75D 模型压力面沉积率相对于光滑模型减少了 22%,其余开槽模型压力面沉积率均是增加的,这与迎角为-5°时的情形略有不同。

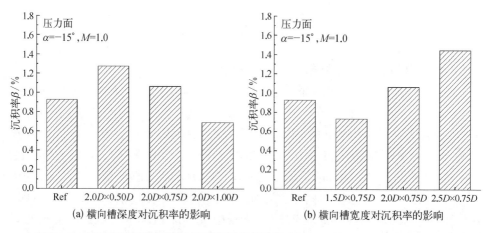

(a) 横向槽深度对沉积率的影响　　　　(b) 横向槽宽度对沉积率的影响

图 5-5　低温条件下横向槽对微颗粒沉积率的影响(T_∞=40℃, α=-15°, M=1.0)

上述规律是在低温条件下获得的,为了进一步研究横向槽对微颗粒沉积影响规律,需要在高温条件下开展实验研究(4.4 节)。图 5-6 给出了在平均燃气温度为 1 626 K、迎角为-25°以及吹风比为 3.0 条件下的不同实验件总的微颗粒沉积量,可以看出,相对于光滑模型,所有开槽模型的沉积率都减少了,且随着横向槽深度的增加,其中 1.6D 模型沉积率为 0.009%,相对光滑模型减少 97%。需要注意的是,由于高温实验件只有压力面才有气膜冷却和横向槽,因此,需要进一步矫正开槽对压力面沉积率的影响。保守估计,吸力面的沉积率不会超过总沉积率的 50%,在这种情况下,1.6D 模型压力面的沉积率相对于光滑模型至少为 94%。通过对比低温实验结果和高温实验结果,可以看到低温实验结果具有重要的参考价值。

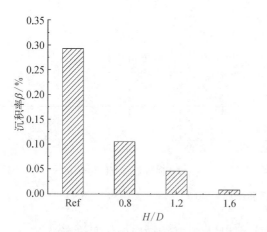

图 5-6　高温条件下横向槽深度对微颗粒沉积率的影响(T_∞=1 626 K, α=-25°, M=3.0)

从以上讨论可以看出,横向槽能够改变具有气膜冷却结构的叶片表面微颗粒沉积量。总体上来说,横向槽越深或者越窄,沉积量越少。如果横向槽深度或宽度选取合适,能够有效减少微颗粒沉积;否则,也可能增加微颗粒沉积量,但是,在这种情况下,也不能说明横向槽对于沉积防护是无效的,正如前面指出的,沉积分布也是一个需要考虑的重要因素。

5.2.3　横向槽对微颗粒沉积分布的影响

横向槽对于微颗粒沉积分布有着显著的影响。在 4.3.5 节已经讨论过低温条件下光滑模型压力面微颗粒沉积分布,如图 5-7(a)所示,这里为了更加清晰地说明分布特征,将气膜孔附近沉积分布放大,如图 5-7(b)所示,可以明显看出,在气膜冷气的"卷吸"作用下,在气膜冷却孔排近下游,沉积在展向呈现"高-低"交错式分布,这种分布有可能改变气膜冷却的贴壁性,降低气膜冷却效率。图 5-7 还显示一个沉积分布的一个特征,那就是在气膜孔排下游,沉积在展向上逐渐向实验件压力面中部收缩,直至远下游,这种收缩逐渐变弱。

(a) 总体视图　　　　　　　　　　　(b) 局部放大

图 5-7　低温条件下光滑模型压力面微颗粒沉积分布($\alpha=-5°$, $M=1.0$)

接下来讨论开槽实验件压力面微颗粒沉积分布特征。图 5-8~图 5-12 给出了低温条件下不同开槽实验件压力面微颗粒沉积分布。对比图 5-7,总体上看,在实验的工况范围内,所有开槽实验件气膜孔附近的沉积分布呈现展向均匀化,在气膜孔近下游没有明显沉积突出,而且,减少了气膜孔下游沉积在展向上朝压力面中部集中收缩的程度。对比图 5-8、图 5-9 可以发现,随着槽深度的增加,在横向槽近下游的区域,沉积显得越来越少,这与图 5-4(a)相吻合;整个沉积分布在展向上收缩程度也越来越弱。对比图 5-9、图 5-11 和图 5-12 可

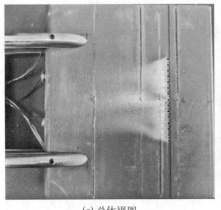 

(a) 总体视图　　　　　　　　　　　　　　　　(b) 局部放大

图 5 - 8　低温条件下 **2.0D×0.50D** 模型压力面微颗粒沉积分布($T_\infty = 40℃$, $\alpha = -5°$, $M = 1.0$)

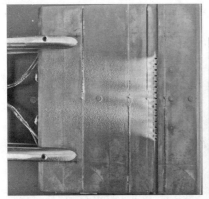 

(a) 总体视图　　　　　　　　　　　　　　　　(b) 局部放大

图 5 - 9　低温条件下 **2.0D×0.75D** 模型压力面微颗粒沉积分布($T_\infty = 40℃$, $\alpha = -5°$, $M = 1.0$)

 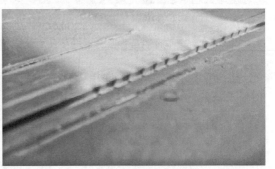

(a) 总体视图　　　　　　　　　　　　　　　　(b) 局部放大

图 5 - 10　低温条件下 **2.0D×1.00D** 模型压力面微颗粒沉积分布($T_\infty = 40℃$, $\alpha = -5°$, $M = 1.0$)

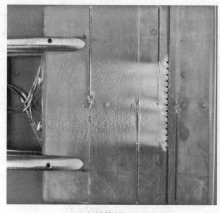

(a) 总体视图　　　　　　　　　　　　(b) 局部放大

图 5-11　低温条件下 1.5D×0.75D 模型压力面微颗粒沉积分布($T_\infty=40℃$, $\alpha=-5°$, $M=1.0$)

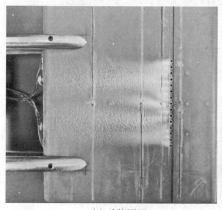

(a) 总体视图　　　　　　　　　　　　(b) 局部放大

图 5-12　低温条件下 2.5D×0.75D 模型压力面微颗粒沉积分布($T_\infty=40℃$, $\alpha=-5°$, $M=1.0$)

以发现,随着槽宽度的增加,横向槽下游区域的沉积越来越多,但仍然在展向上保持一定的均匀性。需要强调的是,在横向槽内也有沉积,但是这些沉积相对较少。

　　在高温条件下,也可以获得类似的结论。图 5-13~图 5-16 是高温条件下,不同实验件压力面微颗粒沉积分布,为了方便,仍然将沉积量较大的区域放大。如图 5-13 所示,光滑模型压力面沉积主要集中的前两排气膜孔和最后一排气膜孔附近,在前两排气膜孔附近甚至形成了包块,叶片中部沉积相对较少,在沉积量相对较少的气膜孔附近区域,其分布特征与低温情况类似。由于在叶片展向中部,燃气温度较高,因此,沉积在展向上相对集中在叶片中部。正如前面所述,沉积包块的形成是极其有害的,尤其是在气膜孔附近的包块。

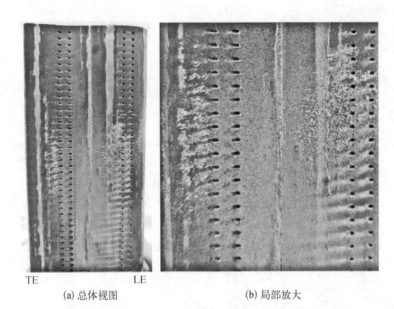

TE   LE
(a) 总体视图   (b) 局部放大

图 5 - 13　高温条件下光滑模型压力面微颗粒沉积分布
$(T_\infty = 1\,626\,\text{K},\ \alpha = -25°,\ M = 3.0)$

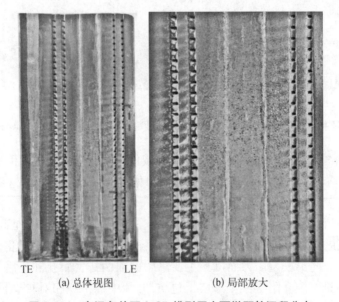

TE   LE
(a) 总体视图   (b) 局部放大

图 5 - 14　高温条件下 0.8D 模型压力面微颗粒沉积分布
$(T_\infty = 1\,626\,\text{K},\ \alpha = -25°,\ M = 3.0)$

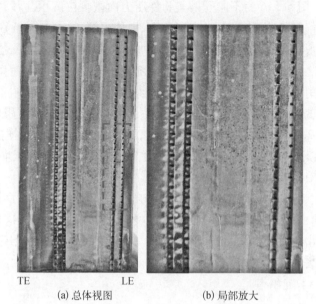

(a) 总体视图　　　　　　　　(b) 局部放大

图 5–15　高温条件下 1.2*D* 模型压力面微颗粒沉积分布
（$T_\infty = 1\,626\,\text{K}$, $\alpha = -25°$, $M = 3.0$）

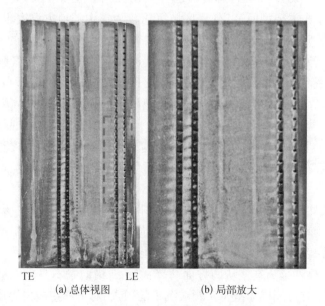

(a) 总体视图　　　　　　　　(b) 局部放大

图 5–16　高温条件下 1.6*D* 模型压力面微颗粒沉积分布
（$T_\infty = 1\,626\,\text{K}$, $\alpha = -25°$, $M = 3.0$）

图 5-14~图 5-16 为不同开槽实验件压力面微颗粒沉积,可以发现,总体上,横向槽减少了气膜孔附近的沉积,在展向上,也使得沉积均匀化,特别地,在气膜孔附近没有包块形成。在横向槽内,有沉积形成,主要集中在气膜孔之间的区域;在后两排气膜孔之间的区域,也有沉积形成。随着槽深度的增加,在前两排气膜孔附近(包括横向槽内),微颗粒沉积呈减少趋势;虽然在后两个气膜孔排之间的沉积量没有明显改变,但是,在横向槽内,沉积量呈现减少趋势,这就与图 5-6 的趋势相吻合。在 5.2.2 节中,低温实验结果表明,不是在任何情况下,横向槽都能减少沉积量,但是在本节可以发现,横向槽总体上使得微颗粒沉积在展向上均匀化,这可以减少沉积对叶片可靠性和寿命的负面影响。

一方面,关于横向槽对微颗粒沉积的影响机理,可以参看第 3 章相关内容。总体上来说,横向槽的存在使得在气膜孔附近展向上流动输运加强,这样导致微颗粒在该区域的撞击位置展向上呈现均匀化;另一方面,在 5.2.4 节会看到,横向槽有利于减少结构表面温度,这样有可能降低微颗粒撞击结构表面时的温度,降低了黏附率,从而减少了沉积率。

5.2.4 横向槽对结构表面温度的影响

低温条件下微颗粒沉积后实验件压力面温度分布如图 5-17 所示,重点关注5-17(a)中 A 区域(即气膜冷却孔附近)的温度分布。对比图 5-7 和图 5-17(a)可以发现,对于光滑模型而言,在 A 区域沉积较为集中的地方温度也较高,最高可达 31℃。如图 5-17(b)所示,$2.0D×0.50D$ 模型在气膜孔近下游的温度分布要均匀一下,其最高温度约为 29℃。随着槽深度逐渐增加,会发现在气膜孔近下游的区域,温度在展向上越来越均匀化,最高温度逐渐减少,如图 5-17(c)、(d)所示,例如 $2.0D×0.75D$ 模型和 $2.0D×1.00D$ 模型气膜孔近下游的最高温度分别约为28℃和 25℃。类似地,通过对比图 5-17(c)、(e)和(f),可以发现随着宽度的减少,在气膜孔近下游的区域,温度在展向上越来越均匀化,最高温度逐渐减少。因此,横向槽能够有效增强气膜冷却效率、降低气膜孔附近最大温度、增强展向温度均匀性。

在高温条件下,仍然可以发现横向槽的上述作用,如图 5-18 所示,该图给出了实验件压力面中截面轮廓线的温度分布(包括热电偶和红外测温的结果),可以发现,随着槽深度的增加,实验件中截面轮廓线上的温度呈下降趋势。

横向槽对温度影响应该从两方面解释:第一,横向槽本身就能够有效增强气膜冷却效率,这有可能成为减少微颗粒沉积的因素,对于那些撞击温度恰好处于软化温度或熔点附近的微颗粒尤其如此;第二,由于其本身流动特点,也能够使得沉积均匀化,这又减少了沉积带来的局部升温问题。

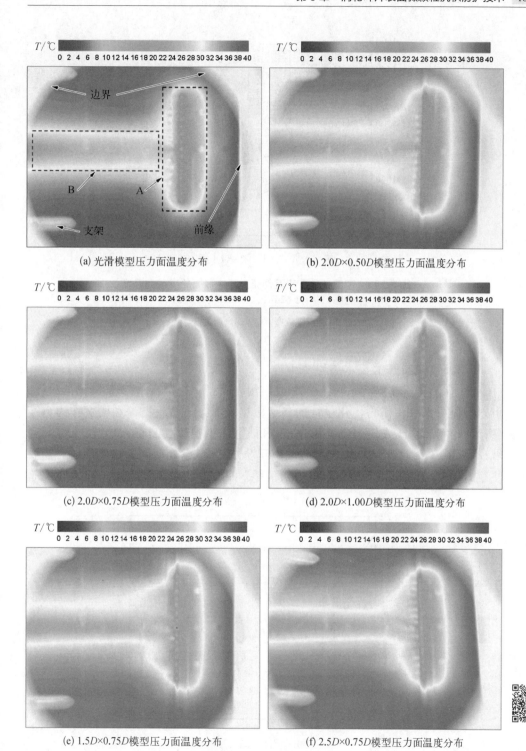

(a) 光滑模型压力面温度分布

(b) 2.0D×0.50D模型压力面温度分布

(c) 2.0D×0.75D模型压力面温度分布

(d) 2.0D×1.00D模型压力面温度分布

(e) 1.5D×0.75D模型压力面温度分布

(f) 2.5D×0.75D模型压力面温度分布

图 5-17 低温条件下微颗粒沉积后实验件压力面温度分布($T_\infty = 40℃$, $\alpha = -5°$, $M = 1.0$)

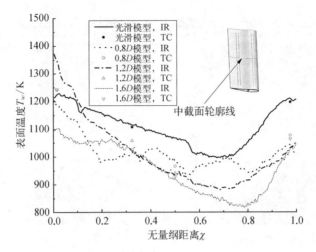

图 5-18 高温条件下实验件压力面中截面轮廓线的温度
分布($T_\infty=1\,626\ K$, $\alpha=-25°$, $M=3.0$)

IR 为红外数据;TC 为热电偶数据

5.2.5 横向开槽技术展望

前面讨论横向槽对于微颗粒沉积及结构表面温度的影响,对于横向槽的设计,可以得到图 5-19 作为优化设计的参考依据。图 5-19 将槽深和槽宽作为自变量,以减少沉积量(或均匀化沉积分布)和改善表面温度为目标,建立一个寻优区域;实际中,该寻优区域不仅要考虑沉积问题,还要考虑气动和结构等问题。需要注意的是,对于不同的叶片,这样的寻优区域可能是不同的。虽然,通过大量实验

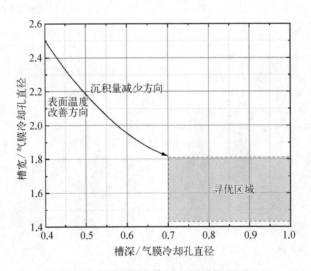

图 5-19 横向槽设置寻优区域示意图

针对不同叶片,可以建立这样一个寻优区域,但是本书倾向于建立一种能够近似得到该寻优区域的工程算法,这对实际设计具有实用意义。

前面只是介绍了直横向槽对微颗粒沉积的影响,不同结构的扰流槽对微颗粒沉积的影响需要未来进一步开展研究。图 5 - 20 给出了几种典型的扰流槽结构。其中图 5 - 20(a)是曲形横向扰流槽,不同于直横向扰流槽,其沿结构展向是曲线。这种结构的扰流槽有几个好处:在气膜孔之间的区域,槽宽度有所减少,这样可能会增强展向的流动输运能力,对于优化微颗粒沉积有一定好处;在气膜冷却孔上下游,槽的宽度可以增大,以满足结构强度或刚度的要求。图 5 - 20(b)是斜面横向扰流槽,沿结构展向,槽的前后壁面与结构表面并非垂直,而是具有一个角度,该角度可以与气膜冷气的角度一致,也可以不一样。这种结构可能改变微颗粒在气膜冷却孔下游落点位置。图 5 - 20(c)是一种结合了曲形横向扰流槽和斜面横向扰流槽的横向扰流槽,可以通过改变曲面形状和横向槽前后壁面与结构表面夹角来优化横向槽的结构,以改善微颗粒沉积,减少微颗粒沉积对涡轮叶片造成的负面影响。图 5 - 20 (d)是一种横向气膜扰流槽,在横向槽前后面或侧面设置气膜冷却孔,从而增强横向或结构外法向的流动输运能力,改变或延迟微颗粒在涡轮叶片表面的撞击位置。

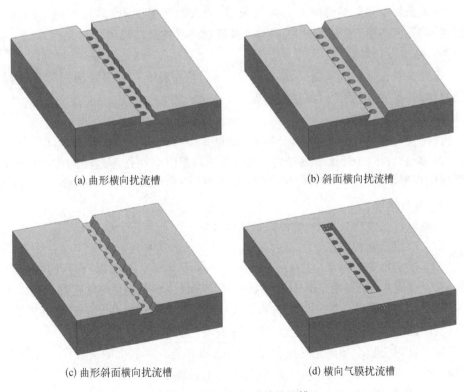

(a) 曲形横向扰流槽　　　　　　　　　　(b) 斜面横向扰流槽

(c) 曲形斜面横向扰流槽　　　　　　　　(d) 横向气膜扰流槽

图 5 - 20　几种不同的扰流槽

需要指出的是,图 5-20 是根据已有研究结果假想的几种扰流结构,还需要进一步通过数值模拟或实验验证。

5.3   涡轮叶片表面微颗粒沉积防护设计方法探索

本节根据上述的讨论,针对具有气膜冷却结构的涡轮叶片,提出一种沉积防护扰流结构设计流程。

1) 设计目标

减少微颗粒在涡轮叶片表面的沉积量或均化微颗粒在涡轮叶片表面的沉积分布。这是直接的设计目标,最终的目标是减少或延迟微颗粒沉积造成的涡轮叶片气动和换热性能的降低。

2) 输入条件

在涡轮叶片表面抗沉积烧蚀扰流结构设计中,最重要的输入条件就是微颗粒属性,主要包括:密度、比热、粒径、熔点、固态时的杨氏模量和液态时的表面张力系数等。这里着重考虑微颗粒熔点。

3) 约束条件

约束条件主要包括燃烧室温度最大值、最大燃气温度(或涡轮前温度)、涡轮叶片结构几何约束、强度和刚度、涡轮叶片能够承受的最高温度。

4) 基本设计参数

设计参数包括燃烧室温度、燃气温度(或涡轮前温度)、气膜冷却相关参数(如气膜冷却孔角度、气膜冷气流量和温度等)。

5) 优化设计参数

优化设计主要针对表面扰流结构。这里主要讨论横向槽这种表面扰流结构。主要参数包括:横向扰流槽的结构(曲形、斜面、槽内冷气孔等)、横向扰流槽的深度、横向扰流槽的宽度。

6) 基本设计

基本设计主要指在 4)中提到的参数设计。下面列举几个重要的步骤。

(1) 确定微颗粒熔点。

(2) 确定燃烧室温度(注意:一般燃烧室温度都高于微颗粒的熔点),判断微颗粒是否熔融态(如利用 TSP 判断);此处约束条件主要是燃烧室温度最高值。

(3) 确定涡轮前温度。需要注意的是,尽可能使涡轮前温度不要接近微颗粒熔点;此处约束条件主要是最大燃气温度(或涡轮前温度)。

(4) 针对气膜冷却涡轮叶片,预测微颗粒在涡轮叶片表面的落点位置,需要使微颗粒的落点位置尽可能远离气膜冷却孔。通过调节气膜冷却相关参数(如气膜冷却孔角度、气膜冷气流量和温度等),来确定一种最优的气膜冷却方式。此处约束条件主要是涡轮叶片结构几何约束、强度和刚度,以及涡轮叶片能够承受的最高温度。

(5) 当微颗粒熔点不小于涡轮前温度时,设计气膜冷却时要尽可能使涡轮叶片的表面温度降低;但是当微颗粒熔点小于涡轮前温度时,根据前面的讨论,尽可能使涡轮叶片表面温度降低可能不是一个好的设计方向。这一点还需要进一步研究。此处约束条件主要是涡轮叶片能够承受的最高温度。注意,在设计气膜冷却时,要注意可能出现的气膜冷却设计中目标与结果的矛盾。

在实际操作中,以上流程可能需要重复迭代多次以达到优化的目的。

7) 优化设计

优化设计主要是指在涡轮叶片原结构的基础上,采用表面扰流结构等进一步减少微颗粒在涡轮叶片表面沉积量或均化微颗粒在涡轮叶片表面沉积分布。主要流程如下。

(1) 确定扰流结构(如图5-2或图5-20所示的几种结构)。

(2) 在图5-19所示的优化区域内确定横向扰流槽的宽度和深度。此处约束条件主要是涡轮叶片结构几何约束、强度和刚度。由于横向扰流槽一般都会使结构表面温度降低,或者均化结构表面温度,因此,在这里涡轮叶片能够承受的最高温度不是一个强的约束。

在以上流程中,可能需要涉及一些参数的计算,如微颗粒的温度状态(固态或熔融态)以及在涡轮叶片表面的落点位置等。在前面几章中,已经建立了一些相关的估算方法(如微颗粒的状态等);基于建立的微颗粒沉积数值模型,可以对基本设计和优化设计流程中涉及的微颗粒沉积问题进行数值模拟,从而可以为参数优化提供相关的数据。

5.4　小　　结

涡轮叶片表面微颗粒沉积防护技术的目的是,通过减少微颗粒沉积量以及改变微颗粒沉积分布,来减少微颗粒沉积对叶片带来的气动和冷却性能上的负面影响,这是未来微颗粒沉积研究的重要问题,也是涡轮叶片设计中需要考虑的重要问题。目前针对涡轮叶片表面微颗粒沉积防护技术的研究还不够深入和充分,本章并未进行较为深入的分析和讨论。作为探索,本章基于初步研究,介绍了一种横向槽技术,结果表明,其能够在某些条件下减少微颗粒沉积量,并能够有效改善沉积分布,减少了微颗粒沉积对结构冷却性能的负面影响。不足的是,本章并未对横向槽对叶片气动性能的影响开展讨论。最后,本章对于其他结构的横向槽以及微颗粒沉积防护设计方法进行了初步的讨论和探索,为今后的研究提供一些参考。

参考文献

[1]　戴萍,林枫.气膜孔形状对涡轮叶片气膜冷却效果的影响[J].热能动力工程,2009,24:560-565,677-678.

[2]　范芳苏,王春华,冯红科,等.浅槽孔气膜冷却的大涡模拟研究[J].推进技术,2020,41:830-839.

[3]　Albert J E, Bogard D G. Experimental simulation of contaminant deposition on a film cooled turbine vane pressure side with a trench[J]. Journal of Turbomachinery, 2013, 135(9): 051008.

[4]　Liu Z G, Liu Z X, Zhang F, et al. An experimental study of the effects of different transverse trenches on depositing and temperature on a plate with film cooling holes[J]. Aerospace Science and Technology, 2019, 88: 40-50.

[5]　Liu Z G, Zhang F, Liu Z X, et al. An experimental study of the effects of different transverse trenches on deposition on a turbine vane with film-cooling at high temperature[J]. Aerospace Science and Technology, 2020, 107: 106340.

附录 A
不确定度计算方法

误差是指某物理量测量值与真实值(真值)之间的差异。误差分为系统误差、随机误差及粗差[1]。系统误差是在同一条件下多次测量同一量时,误差的绝对值和符号均保持恒定;或在条件改变时,按某一个确定的规律变化的误差[1],如进行风洞实验时,气流偏角造成的误差。系统误差用准确度来衡量。随机误差是指呈现随机特性和一定统计规律并具有抵偿性的误差,用精度或重复性来衡量[1]。粗差是指明显歪曲测量结果的误差,在正确的测量结果中是不允许粗差存在的[1]。系统误差和随机误差在一定条件下可以相互转化,随机误差和粗差之间没有明显界限。这里介绍系统的重复性测试方法(即随机误差),仅仅介绍随机误差的处理方法。

设对一物理量 x 进行了 n 次测量,其测量值分别是 $x_i (i = 1, 2, \cdots, n)$,其平均值是

$$\bar{x} = \frac{\sum\limits_{i=1}^{n} x_i}{n} \qquad (A-1)$$

而测量值的标准差定义为

$$\sigma = \sqrt{\frac{\sum\limits_{i=1}^{n} (x_i - \mu)^2}{n}} \qquad (A-2)$$

式中,μ 为物理量 x 的真值。但是一般情况下一个物理量的真值是未知的,常用平均值代替真值用于计算标准差,此时用贝塞尔(Bessel)公式计算标准差[1]:

$$\sigma = \sqrt{\frac{\sum\limits_{i=1}^{n} (x_i - \bar{x})^2}{n-1}} \qquad (A-3)$$

实验统计证明随机误差大多数服从或接近正态分布,但不是所有情况下,误差都能

够满足正态分布。当检验测量数据的系统误差和重复测量次数不是很多的情况下,经常认为平均值误差的分布规律为 t 分布[1](又称为学生分布)。t 分布的概率密度函数为

$$f(t) = \frac{\Gamma\left(\dfrac{k+1}{2}\right)}{\sqrt{k\pi}\,\Gamma\left(\dfrac{k}{2}\right)} \times \left(1 + \frac{t^2}{k}\right)^{-\frac{k+1}{2}} \tag{A-4}$$

式中,$t = \dfrac{\bar{x} - \mu}{\sigma/\sqrt{n}}$;$k = n - 1$ 为自由度;$\Gamma(s) = \displaystyle\int_0^{\infty} y^{s-1}\mathrm{e}^{-y}\mathrm{d}y (s > 1)$ 是伽马函数。此时,平均值的置信概率定义为

$$P\left\{\left|\frac{\bar{x} - \mu}{\sigma/\sqrt{n}}\right| < t_\alpha\right\} = 1 - \alpha \tag{A-5}$$

式中,α 为显著度;t_α 是一个依赖于显著度 α 和自由度 k 的值,表 A-1 是几种典型情况下的 t_α 值。从公式(A-5)可以看出真值 μ 位于 $(\bar{x} - t_\alpha\sigma/\sqrt{n},\ \bar{x} + t_\alpha\sigma/\sqrt{n})$ 的概率为 $1 - \alpha$。

表 A-1 t 分布的 t_α 值[1]

	k	1	2	3	4	5	6	7	8
	0.05	12.706	4.303	3.182	2.766	2.571	2.447	2.365	2.306
α	0.01	63.657	9.925	5.841	4.604	4.032	3.707	3.499	3.355
	0.0027	235.80	19.21	9.21	6.62	5.51	4.90	4.53	4.28

对于单次测量,其随机不确定度(极限误差)由下式进行估算:

$$\Delta x = t_\alpha\sigma \tag{A-6}$$

根据公式(A-5),对于平均值,其随机不确定度为

$$\Delta\bar{x} = \frac{t_\alpha\sigma}{\sqrt{n}} \tag{A-7}$$

一般地,选取置信概率为 0.95,即显著度 $\alpha = 0.05$。假设对系统或子系统进行 4 次重复性测试,即 $k = 3$,从表 A-1 得知 $t_\alpha = 3.182$,此时公式(A-6)和公式(A-7)分别为

$$\Delta x = 3.182\sigma \qquad\qquad (A-8)$$

$$\Delta \bar{x} = 1.591\sigma \qquad\qquad (A-9)$$

参考文献

[1]　恽起麟.风洞实验数据的误差与修正[M].北京:国防工业出版社,1996.